柠檬夸克 著　五口 绘　宫子木 审订

中信出版集团 | 北京

图书在版编目（CIP）数据

坐过山车的诺贝尔奖：生理学或医学卷 / 柠檬夸克著；五口绘. -- 北京：中信出版社，2023.11
ISBN 978-7-5217-5939-6

Ⅰ. ①坐… Ⅱ. ①柠… ②五… Ⅲ. ①生理学－青少年读物②医学－青少年读物 Ⅳ. ① Q4-49 ② R-49

中国国家版本馆 CIP 数据核字（2023）第 157167 号

坐过山车的诺贝尔奖：生理学或医学卷

著　　者：柠檬夸克
绘　　者：五口
出版发行：中信出版集团股份有限公司
（北京市朝阳区东三环北路27号嘉铭中心　邮编　100020）
承 印 者：北京尚唐印刷包装有限公司

开　　本：889mm × 1194mm　1/24　　印　　张：5.5　　字　　数：75千字
版　　次：2023年11月第1版　　印　　次：2023年11月第1次印刷
书　　号：ISBN 978-7-5217-5939-6
定　　价：39.80元

亲爱的小朋友，希望你今天爱读诺贝尔奖的故事，未来能得诺贝尔奖。

——柠檬夸克

目录

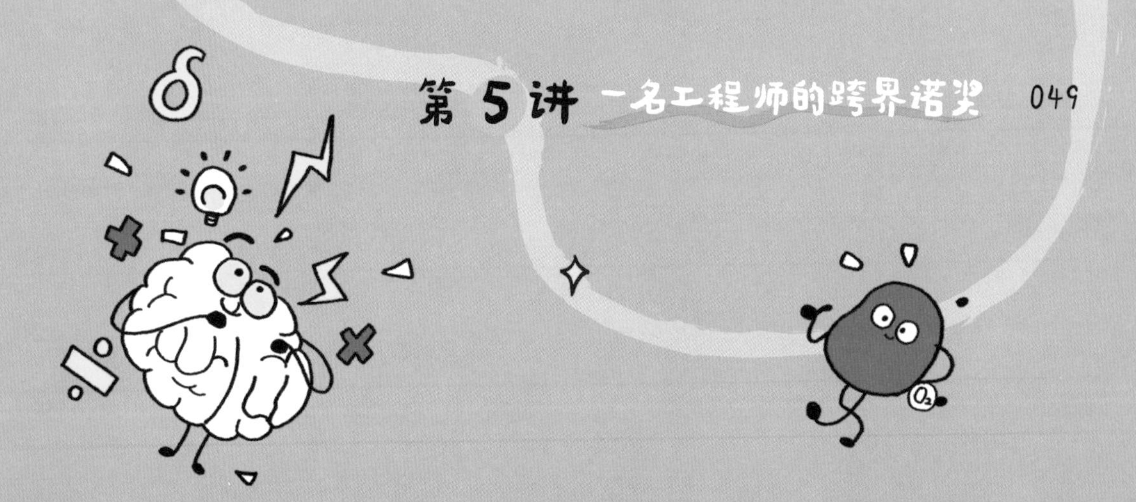

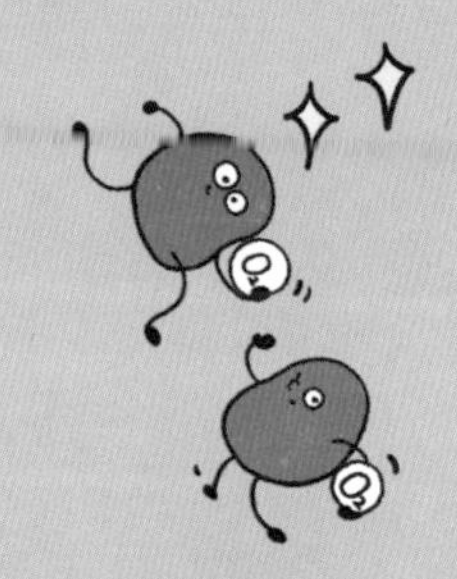

第1讲

解剖蚊子的文艺青年

一说到蚊子，你一定会皱眉撇嘴，我们从小就有和它“大战”甚至“恶战”的经历，双方互有胜负，常常是两败俱伤。

说出来你别惊讶，就这么个恼人的小飞虫，居然堂而皇之有“世界蚊子日”。真的！每年的 8 月 20 日。不过，这并不是为了缅怀哪只蚊子，而是为了纪念一位微生物学家——诺贝尔生理学或医学奖获得者罗纳德 · 罗斯，因为在这一天，他发现了蚊子身体里隐藏许久的“险恶阴谋”。

命运开玩笑，文艺青年拿起手术刀

1857 年，罗斯出生在印度北部。但他不是印度人，而是英国人。当时，印度是英国的殖民地，罗斯的父亲作为一名英国陆军军官，长期驻扎在印度。

罗斯小时候爱好文艺，小画画着、小曲哼着、小诗吟着，志向是长大以后当一名作家。不过，身为军人的罗斯爸爸认为，学艺术没啥用，不如整点儿实在的，大手一挥：去学医！于是，乖孩子罗斯懵懵懂懂地进了医学院。

可从头到脚一身文艺范儿的罗斯在严肃紧张的医学院里感觉没劲儿透了，什么动脉、肠子、上呼吸道，这都什么呀？还到处都弥漫着一股子呛人的消毒药水味儿，真是够了！看来看去也就解剖课还有点儿意思，因为有解剖知识傍身，小罗斯同学的画立刻上了一个层次。他压根儿不知道，解剖技能日后对于他的一生有多么重大的意义。就在同学们观摩手术、记录病例、见习出诊，忙得不亦乐乎的时候，罗斯依旧沉迷于小画画着、小曲哼着、小诗写着的文艺青年生活。对！比小时候有进步，能自己写诗了。那他的学习成绩呢？别问！问就是不怎么样。

1881 年，24 岁的罗斯取得了行医执照，随后，他离开英国前往遥远的印度，成为一名军医。他天真地以为，这是个轻省差事。

他哪里知道，在那个东方国度，等待他的并不是多彩多姿的文艺，而是没完没了的蚊子。

第一次与蚊子过招，赢了

不同于气候温和，即使夏季也很凉快的英国，印度的大部分国土位于热带，横亘于印度北部的喜马拉雅山脉挡住了南下的冷空气，因而全年气候炎热，夏季格外闷热，并且蚊子奇多。军医罗斯住的地方蚊子成群结队，嗡嗡个不停，尤其是有积水的地方，总有密密麻麻的蚊子军团，让人头皮发麻！通过观察，罗斯发现积水中有许多蚊子的幼虫。由此他认定，蚊子是在水里繁殖的。那就来个釜底抽薪，他彻底排干积水，果然，蚊子少多了。

初战告捷！这是罗斯与蚊子第一次过招。

1885 年，英国发动了第三次英缅战争。作为军医，罗斯参加了这次战争。他目睹了许多人死于疟疾、霍乱等

阅读延伸

疟疾是一种多发于夏秋季节的传染病，主要传播途径是按蚊叮咬，如果不慎输入包含疟原虫的血液也会被传染。一旦染上疟疾，病人相当痛苦，会出现周期性反复发作的寒战和高热，也就是一会儿冷，一会儿热。冷的时候浑身哆嗦不停、牙齿打战，热的时候高热不退，病人可能出现幻觉、抽搐甚至昏迷，民间俗称“打摆子”。

传染病，有缅甸人，也有英国士兵。骇人的惨状深深地震撼了罗斯！

1888 年到 1889 年，罗斯利用为期一年的回国休假时间，到英国皇家内外科医学院深造，学习公共卫生，并在克莱因教授的指导下攻读细菌学。

到了 1892 年，他开始明确把疟疾当作主要研究方向。在这之前数年，一个法国医生在疟疾患者的血液里发现了疟原虫，并认定这是让人患上疟疾的元凶。可就像我们找到了新冠病毒后还需要明确它是怎么进入人体，以及如何传播的，彼时的罗斯也需要搞清楚，疟原虫是怎么进入人体的呢？

阅读延伸

疟疾是一种古老的疾病。在历史上，疟疾的恐怖超乎想象。有历史学家认为横霸一时的罗马帝国走向衰落就和长期疟疾肆虐有关。1640年，卢戈被选为红衣主教，他平静地前往罗马上任，而推举他的人都笑他傻。因为罗马闹疟疾，有人甚至拒绝去罗马：“选教皇都别找我，爱谁谁！”

旷日持久的苦战

牛顿曾经说过：“如果我比别人看得更远，那是因为我站在巨人的肩上。”就在罗斯试图攻坚克难之际，也有“巨人”给他提供了“肩膀”。

外号“蚊子曼森”的英国人帕特里克·曼森被后人誉为“热带医学之父”，他曾经在中国南方行医，并参与创建了香港医学院。曼森认为，蚊子是疟原虫的宿主。1894 年，他把自己的想法告诉了罗斯，并给了罗斯不少指导。目标锁定：蚊子。

1895 年，罗斯返回印度，开始了与蚊子第二个回合的较量——证明曼森的假想：蚊子与疟疾的传播有关。如果说第一次过招，是一场短兵相接的闪电战，那么第二个回合则是一场异常艰苦的持久战。罗斯不顾个人安危深入疫区，哪儿潮湿他去哪儿，哪儿脏他去哪儿，不停地抓蚊子，带回实验室解剖。此时，他收起了文艺青年的浅吟低唱，更像一个无所畏惧的战士。印度天气潮湿闷热，罗斯长期工作汗流浃背，经年累月滴下的汗水甚至锈蚀了显微镜上的螺钉。蚊子那么小，也没人知

道疟原虫会藏在哪里，他耐心地解剖每只蚊子，夜以继日地观察，不放过任何一个部位。

你可能会问：我被蚊子叮咬过几十次都不止了，我怎么没得疟疾？这正是这场战争敌我力量悬殊的原因！在印度，蚊子的种类多达数百，可并不是每种蚊子都传播疟疾，而罗斯要一种一种地找。终于有一天，罗斯解剖一只按蚊时，在它的胃里发现了疟原虫，而这只蚊子 4 天前，刚好叮咬过一名疟疾患者。这一天正是 1897 年 8 月 20 日，罗斯发现并且证明了按蚊是可以传播疟疾的蚊子，这种蚊子也因此有了一个新的名字——疟蚊。

有了这个发现后，微生物学家罗斯又切换到了文艺青年模式，小诗写起来：

阅读延伸

放眼全球，我国抗击疟疾的成绩非常了不起！中华人民共和国成立以前，每年报告约 3 000 万疟疾病例。通过艰苦不懈的努力，2017 年，我国首次实现了连续 4 年零本土病例报告的历史性成绩。2020 年，我国向世界卫生组织提交了消除疟疾认证申请，并于 2021 年 6 月 30 日通过了国家消除疟疾认证。这是我国卫生事业发展史上又一座里程碑。

“今天……伴随着泪水和辛劳的喘息声……我终于找到了你狡猾的足迹，那杀死百万人的祸首啊！……”

为了纪念这一天，人们把每年的 8 月 20 日定为世界蚊子日。

蚊子，可恶的帮凶

研究并没有就此结束，为了进一步证明蚊子传播疟疾的途径，罗斯又找来了鸟。

1898 年 7 月，他在实验中让蚊子叮咬已经感染了疟疾的鸟，随后他发现，疟原虫在蚊子的胃里繁殖，并通过血液进入蚊子的唾液腺。当这只蚊子再叮咬其他鸟时，疟原虫就随着蚊子的唾液进入鸟的身体，这只可怜的鸟也就会患上疟疾了。这和疟疾在人类间的传播路径是一样的。敢情蚊子就是疟原虫的帮凶，怪不得传染性极强，防不胜防。

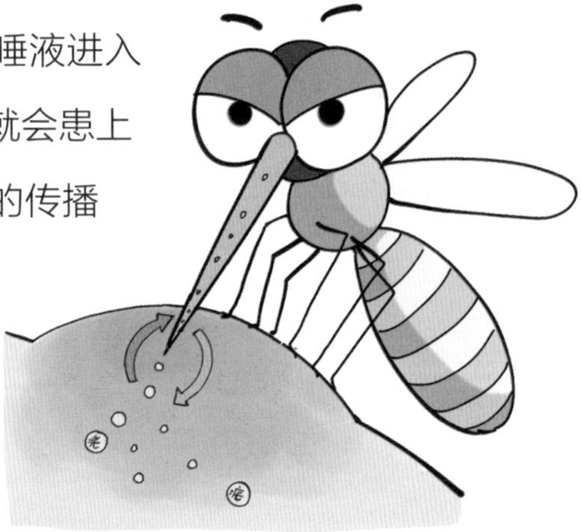

1902 年，罗斯被授予诺贝尔生理学或医学奖，表彰他在疟疾研究上的贡献。他是历史上第二个获得这个奖项的人。在对疟疾的研究中，罗斯还凭借自己的数学功底，开发了用于研究疟疾流行病学的数学模型，这或许是一个不逊于发现疟疾传播途径的伟大成就。没错，罗斯的数学水平也相当了得！少年时代，他不仅爱好文艺，还特别喜欢数学。

在治疗疟疾上，罗斯的贡献可以让未病之人尽量避免染病，然而对于已经感染的人呢？

1820 年，法国人佩尔蒂埃和卡芳杜从生长于南美洲安第斯山脉的一种金鸡纳的树干及根部的外皮中提取了一种白色粉末，这就是一度在医学界大名鼎鼎的抗疟名药——奎宁。奈何人类有药，疟疾有招，疟原虫并不甘于束手就擒，一代一代竟然渐渐进化出了耐药性，疟疾再次变得难以控制。1972 年，中国药学家屠呦呦从中医古籍中获得启发，成功提取出了一种有效抗疟物质——青蒿素，开发出了治疗疟疾的特效药物，不仅挽救了无数人的生命，也因此获得 2015 年诺贝尔生理学或医学奖。

诺贝尔奖群英谱
1902年 诺贝尔生理学或医学奖
-授予-
罗纳德·罗斯 / 1857-1932
英国医生、微生物学家
表彰他在疟疾方面的工作
2015年 诺贝尔生理学或医学奖
-授予-
屠呦呦 / 1930-
中国药学家
表彰她关于疟疾新疗法的发现
THE NOBEL PRIZE

你不知道的诺贝尔奖

诺贝尔奖章

在每年的诺贝尔奖颁奖典礼上，诺贝尔奖获得者会收到三样东西：诺贝尔奖证书、诺贝尔奖奖章和奖金支票。每一张诺贝尔奖证书都是一件精美独特的艺术品，由瑞典和挪威顶尖的艺术家、书法家创作。诺贝尔奖奖章则是用 18 克拉的再生黄金精心制作的。

诺贝尔物理学奖、化学奖、生理学或医学奖和文学奖奖章的正面是相同的，上面印有阿尔弗雷德·诺贝尔的肖像以及他的生卒年（1833—1896）。诺贝尔的肖像也出现在诺贝尔和平奖奖章和经济学奖奖章上，但设计略有不同。奖章背面的图案也因颁奖机构的不同而有所变化。

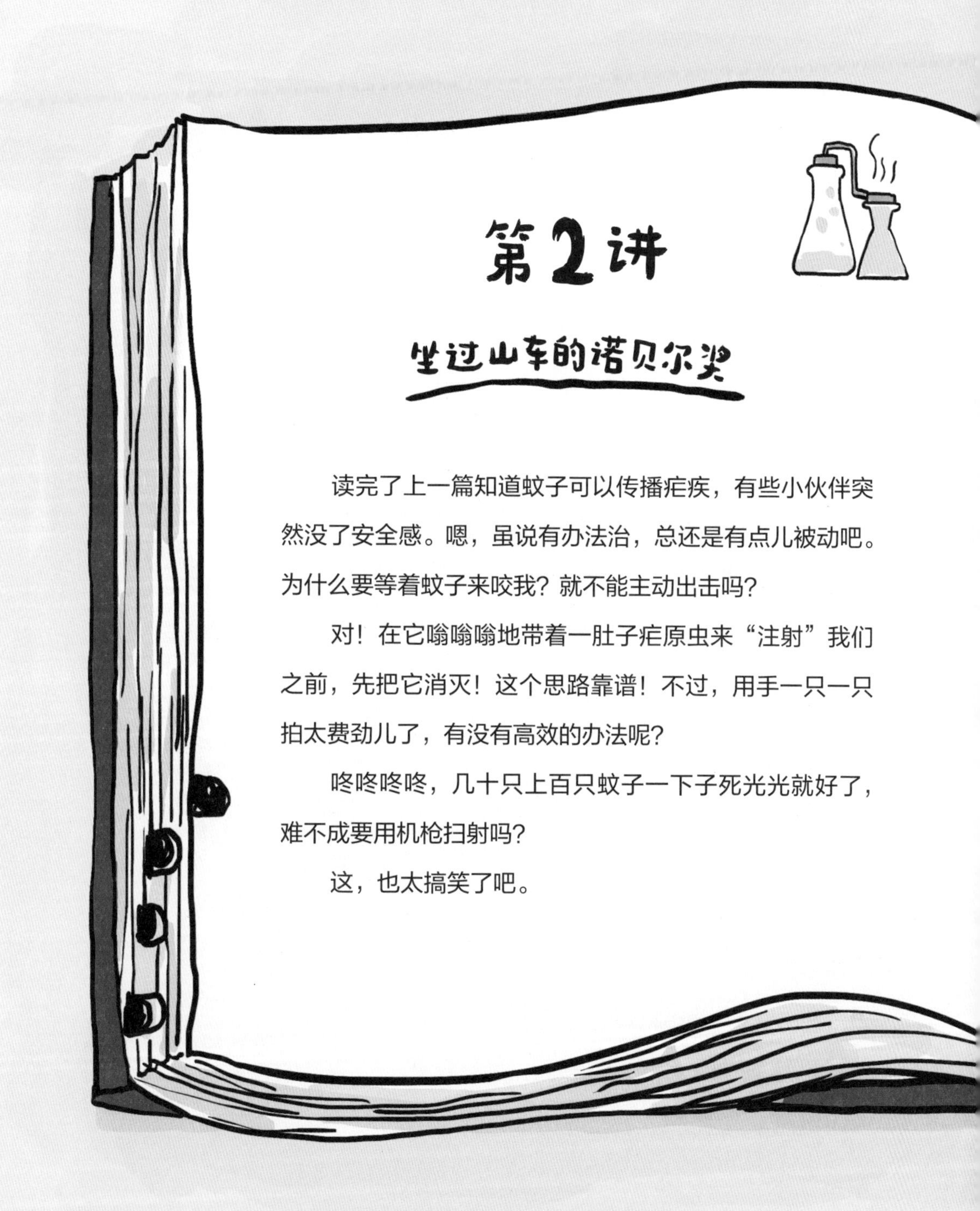

第2讲

坐过山车的诺贝尔奖

读完了上一篇知道蚊子可以传播疟疾，有些小伙伴突然没了安全感。嗯，虽说有办法治，总还是有点儿被动吧。为什么要等着蚊子来咬我？就不能主动出击吗？

对！在它嗡嗡嗡地带着一肚子疟原虫来“注射”我们之前，先把它消灭！这个思路靠谱！不过，用手一只一只拍太费劲儿了，有没有高效的办法呢？

咚咚咚咚，几十只上百只蚊子一下子死光光就好了，难不成要用机枪扫射吗？

这，也太搞笑了吧。

从箱底翻出来的……

1935年，在诺华制药公司工作的保罗·穆勒接到了一个任务：研制一种杀虫剂。

在那个年代，人们已经知道很多传染病都是虫子传播的，而对农民来说，虫子更是最大的敌人。它们贪婪地啃食农作物，三下五除二就能让整片农田颗粒无收。当时的杀虫剂都特别贵，农民可用不起，只有一种杀虫剂便宜，但是含砷。砷是化学元素家族中的“狠人”，一旦出手，大杀四方，不仅灭虫，还会毒死人！这谁敢用呀？

要能杀虫，并且只能杀虫！绝不能伤着花花草草，更要人畜无害。价格嘛，还必须亲民，要能让农民用着不心疼。这就是穆勒先生接到的任务，听上去要求还挺高。穆勒生长在山明水秀的瑞士，

阅读延伸

从15世纪起，含砷、汞、铅的物质就被用作农药杀灭害虫了。人们知道它们有毒，苦于没有更好的农药，也只能冒着“杀敌一千，自损八百”的危险继续使用。19世纪后期，为了对抗肆虐的苹果蠹蛾，美国大量使用有毒农药砷酸铅。当时，连美国小孩儿都知道，吃水果前先要用醋洗一洗，能去除一些农药残留。尽管20世纪中叶美国就陆续停用砷酸铅，但时至今日，华盛顿中部的一些土地仍被测定为铅和砷污染。

一向热爱大自然，而他的祖国彼时正身陷粮食短缺的危机，要是有合适的杀虫剂，就可以帮助农民对抗虫害，增加粮食产量。因此，他对这个任务摩拳擦掌、跃跃欲试。

穆勒用了一个笨办法，但确实稳准狠，他要一个一个地试所有“候选”杀虫剂。

经历了无数次的失败，一种没有任何味道的白色粉末走进了他的视线。

说起来这东西半个世纪前就有了，是化学家合成出来的。可当时的人们上看下看、左看右看，也没发现它有什么用处，它渐渐就被尘封在化学试剂柜的最深处了。也亏了耐心十足的穆勒把它从“箱底”给找出来，本着不抛弃不放弃的精神，穆勒细细地把它涂在一个玻璃匣子里，然后放进苍蝇，关好匣子。起初，一切如常，可到第二天早上一看，苍蝇全死了！

阅读延伸

1874 年，奥地利化学家蔡德勒合成出了滴滴涕，但之后的很长时间里它都被束之高阁。

这种化合物的名字是二对氯苯基三氯乙烷，英文缩写是 DDT。中国人给它取了一个好记的小名：滴滴涕。

对付虫子的“原子弹”

杀虫效果好，对人类的伤害小到被认为无害，价格还不贵。1942 年，滴滴涕开始工业化生产，很快就凭实力成了消杀界的“宠儿”。

1943 年，一场由虱子传播的斑疹伤寒，在意大利那不勒斯肆虐，夺走了很多人的生命。第二年，大批滴滴涕被运往那不勒斯抗疫一线，效果立竿见影，只用了短短 3 个星期，疫情就被控制住了。

接下来的故事，你也能想到：滴滴涕很忙，到处噗噗噗噗。疟疾、脑炎等昔日横着走的传染病迅速得到控制，在 1948—1970 年，滴滴涕拯救了数千万人的生命。

农田里，水汽氤氲，那是滴滴涕在噗噗噗噗。害人不浅的虫子被消灭得不见踪影，丰收一个接一个，产量节节高，农作物堆得满满当当。城市里，一片朦胧，还是滴滴涕在噗噗噗噗。道路边的树木被喷上滴滴涕，仿佛孙悟空的金箍棒给画了一个保护圈，虫子再也别想来肆意作践。树木茁壮，叶子油亮。

滴滴涕投入虫子堆就好比投下原子弹，价格还便宜。人们真是喜欢滴滴涕啊，以至于爱屋及乌，尽管穆勒不是滴滴涕的发明人，可他能把这好宝贝从化学家的“箱底”翻出来给老百姓用，也是贡献巨大，必须给个大大的奖章！1948 年，穆勒获得了诺贝尔生理学或医学奖，获奖理由是发现了滴滴涕杀虫的功效。一向“一慢二看三通过”，等个二三十年，看准了想清楚了问一圈都没毛病了，才四平八稳发奖的诺贝尔奖委员会这次也算是雷厉风行，可见滴滴涕非常有效！

因为对滴滴涕的安全性深信不疑，人们一点儿都不跟它“见外”。欢庆丰收时，农场主们兴奋地噗噗噗噗，不是洒香槟，而是喷滴滴涕，拿它当庆祝烟雾。在疫区消杀，除了用于环境，还直接对着人和衣服喷！露天游泳池消毒，工作人员就干脆冲着人群噗噗噗噗，被喷的人还愉快地享受这凉丝丝的水汽。甚至舞台上，演员身后的背景烟雾都是用滴滴涕。

噗噗噗噗，噗噗噗噗，滴滴涕很忙。

可这毕竟是杀虫药啊！这样到处噗噗，真的一点儿问题都没有吗？

树正在死去，鸟儿也在死去

在我们的村子里，一直在给榆树喷药。6 年前我们刚搬到这儿时，鸟儿多极了，于是我就干起饲养工作……

在喷了几年滴滴涕以后，这个城市几乎没有知更鸟和燕八哥了。在我的饲鸟架上，已有两年看不到山雀了，今年红雀也不见了……榆树正在死去，鸟儿也在死去。

这是一位北美的家庭妇女写的信，信写于 1958 年。

鸟都死了，可不是什么好事儿，谁听了都会伤心。可这些悲剧就应该算在滴滴涕头上吗？不是噗噗地冲着人喷都没事的吗？

人们忽视了一个问题：水滴石穿、积少成多！

让我们试想一下。

被滴滴涕杀死的虫子，后来怎么样了？有些虫子尸体被小鸟吃了。小鸟吃饱了到处飞，滴滴涕留在它们的身体里，日积

月累……

身体里有滴滴涕的小鸟，后来怎么样了？被老鼠吃了。老鼠吃饱了到处溜达，不过滴滴涕还在它们的身体里……

身体里有滴滴涕的老鼠，后来怎么样了？被猫吃了。那猫的身体里，会有多少滴滴涕呢？

从这条食物链我们不难看出，越是食物链上方的动物，身体里累积的滴滴涕越多。

量少的时候确实无害，但作为一种化学性质十分稳定的化合物，滴滴涕是自然界中的“钉子户”，它总是老样子，不易降解。有研究表明，滴滴涕会让鸟儿产下软壳蛋，使得鸟类无法生出自己的宝宝。被美国人奉为国鸟的白头海雕差点儿因为这个灭绝了。

1962 年，疟疾的全球发病率已降到极低。为了庆祝，各成员响应世界卫生组织的建议，都在当年的世界卫生日这一天发行了世界联合抗疟的纪念邮票。许多邮票上都不约而同地出现了喷洒滴滴涕灭蚊的场面。

同样是在 1962 年，滴滴涕一边在邮票上被集体“盖章”认定，另一边却被推上了“被告席”。一本名叫《寂静的春天》的书出版问世。美国作家蕾切尔·卡森在这本书里描述了过度使用化学药品和肥料造成的环境污染、生态破坏，最终给人类带来可怕的灾难，以至于本该生机勃勃、万物生长的春天变得死一般沉寂。这本书把矛头直指滴滴涕，认为它会导致癌症！

滴滴涕的命运

卡森女士用优美的文字向人类发出严厉的警告。刚刚还奋力噗噗噗噗的人们，吓得目瞪口呆。从 20 世纪 70 年代开始，滴滴涕逐步被世界各国禁用。

没有了噗噗噗噗，立刻嗡嗡嗡嗡——蚊子又嚣张地吹响了进攻的号角，疟疾卷土重来。禁用滴滴涕后，世界各地的疟疾患者人数出现了大幅度反弹。

滴滴涕致癌这件事，一直充满争议。2000 年，多位科学家联合发声，强烈呼吁解禁滴滴涕。他们指出，目前全世界有 3 亿疟疾患者，每年死亡人数超过 100 万，其中绝大多数是地处热带地区的发展中国家的儿童。甚至有人大声疾呼："卡森的书杀死的人，比希特勒杀死的还多！"《寂静的春天》挨的数落

阅读延伸

说起农药，大家可能第一反应是农药残留，对身体有害，殊不知没有农药，苦难会更深重。2001 年，日本一家工业杂志的研究表明：如果世界上没有农药，全球农作物产量将下降 10%。会有很多人被饥荒夺走生命。

似乎也不比滴滴涕少，经常有学者跳出来指责这本书在科学上不够严谨。

要说滴滴涕的命运也真够大起大落，好不容易被合成出来，先是坐了几十年冷板凳，突然一夜成名，“闪电”般地得了诺贝尔奖，被世界各国集体捧上神坛；巅峰时刻又被狠狠地拽下神坛，被一个个国家相继列入“黑名单”，成了人们避之不及的祸害。这样的起伏，简直像坐过山车！

老弟，你的感受我理解。
以前那么爱我，现在都躲着我。
DDT
青霉素

不过滴滴涕也并不孤单，它恰好能让我们更加全面地认识科技，很多科技成果都是这样，既能为人带来福祉，也能给人带来不幸，青霉素不也是这样的吗？想想看，你也能举出类似这样的例子吧？

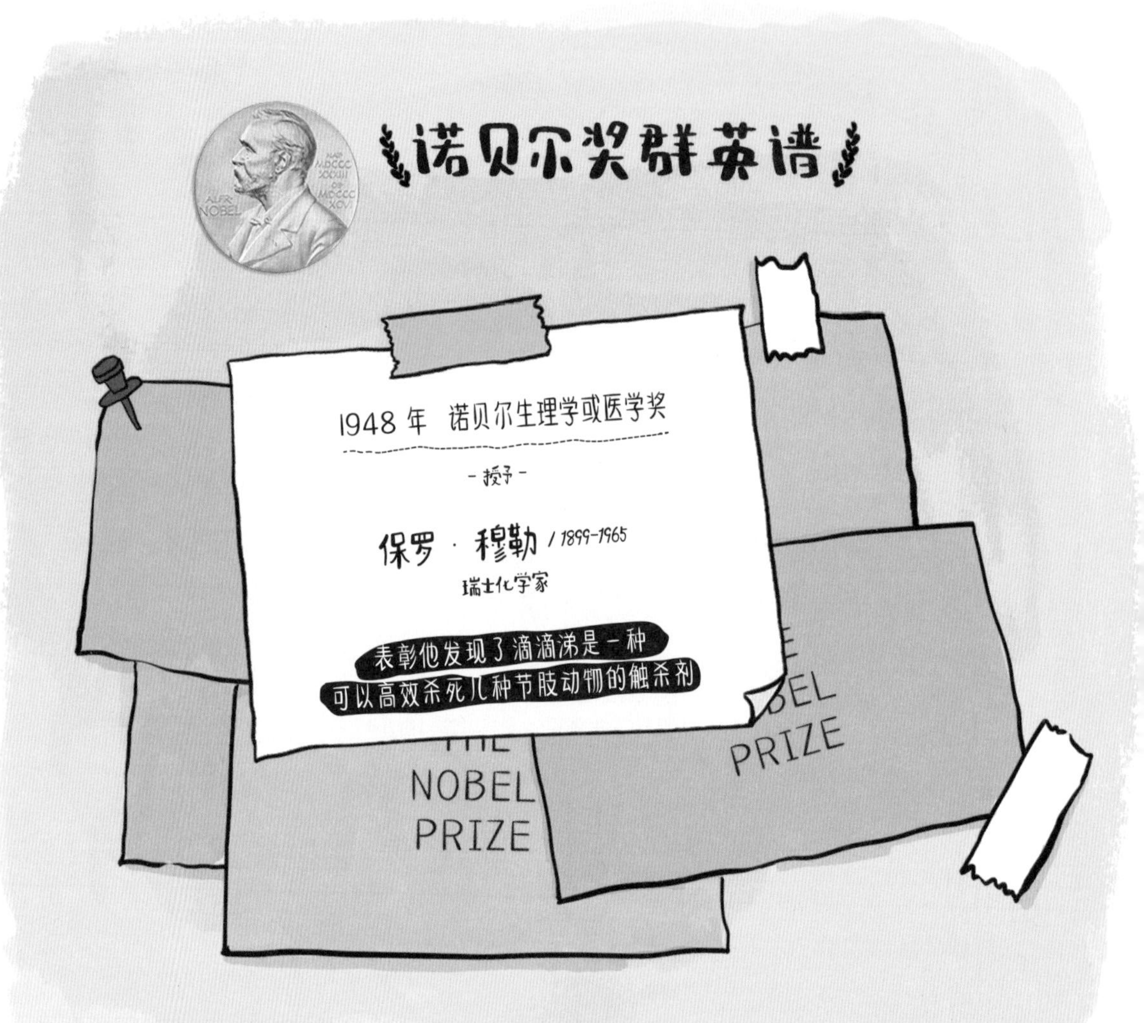
诺贝尔奖群英谱
1948 年 诺贝尔生理学或医学奖
- 授予 -
保罗 · 穆勒 / 1899-1965
瑞士化学家
表彰他发现了滴滴涕是一种
可以高效杀死几种节肢动物的触杀剂
THE NOBEL PRIZE
NOBEL PRIZE

探秘鼻子：人是怎么闻到气味的?

“咦？哪儿来的奇怪的味道？你闻到了吗？”

“啊——忘记关火了！准是锅烧煳了！”

嗅觉是人类及大部分动物赖以生存的感觉之一。通过闻气味，我们可以感知危险，避免受伤害；通过闻气味，我们可以判断食物是否新鲜；花草的芬芳、美食的香味，以及家人的特有气味，还能让我们感受到生活的欢愉和美好。有人的鼻子相当厉害，闻一闻就知道酒、茶或香水的质量和档次。即便刚刚出生几个小时的小宝宝，也能通过嗅觉辨认自己的妈妈。

当然，鼻子还能指引我们发现好吃的。这瓶是果汁，超好喝！那一瓶可不能喝！那是洁厕灵……

那么，鼻子是如何闻到气味的呢？

探秘鼻子

我们是通过什么器官来感觉气味的呢？当然是鼻子。鼻子辨别气味的秘密都藏在鼻孔的深处。

现在，就让我们变身为一粒花粉，隐身在空气中，随着空气的流动，趁人不备，钻进鼻孔里，看看鼻子里面到底是什么样的。

进入鼻孔后，我们首先来到鼻腔。哇！没想到里面还挺大的，一道鼻中隔把鼻腔分隔成左、右两半。在鼻腔的深处，靠近颅腔的地方，有一块看上去呈浅黄色的黏膜，这就是鼻黏膜嗅区。

人类的鼻黏膜嗅区并不大，只有区区 5 平方厘米，还没有你喝的柠檬红茶里泡着的那片柠檬大。鼻黏膜嗅区有 3 种细胞，分别是嗅细胞、支持细胞和基底细胞，其中嗅细胞就有感知气味的能力。嗅细胞就像感应器，它的一端有长长的纤毛，纤毛上分布着嗅觉蛋白，每种嗅觉蛋白都能感知一种特定的气味分子，当嗅觉蛋白与这种特定的气味分子相遇时，就会向身后的嗅细胞发出信号，嗅细胞则立刻通过嗅神经向大脑报告：发现气味啦。

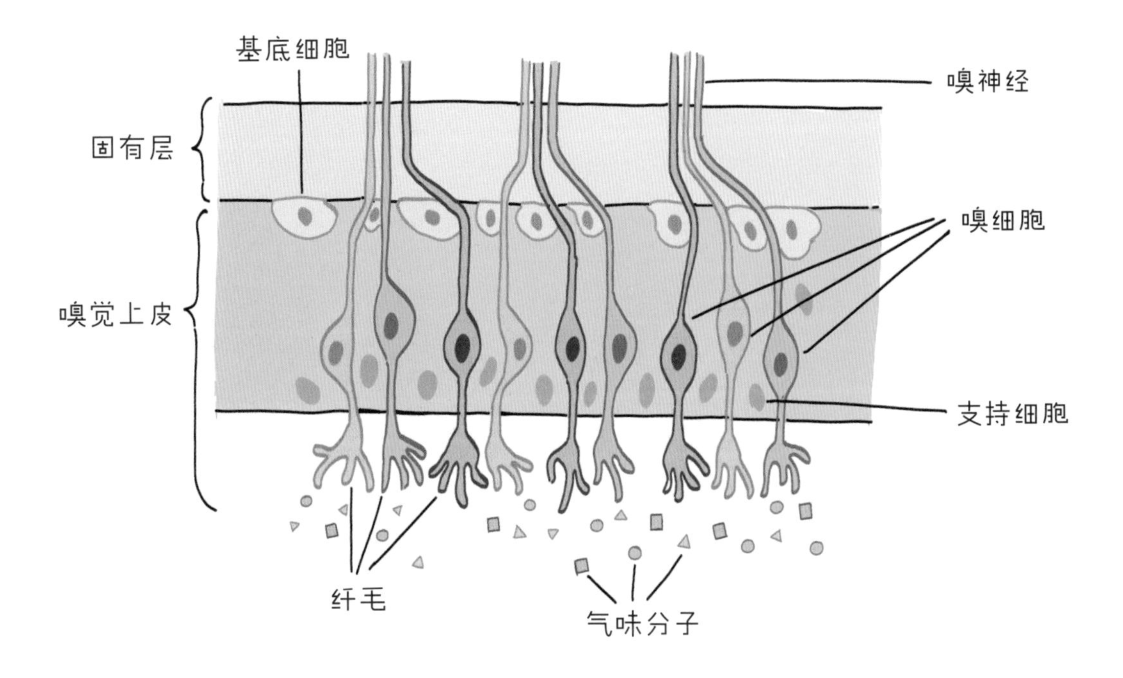

本着打破砂锅问到底的精神，我们很自然地想到了一个问题：世上的气味多着呢，我们的嗅觉系统是怎么辨别它们的？

1991 年，美国的两位科学家理查德·阿克塞尔和琳达·巴克为我们揭开了嗅觉的秘密。

他们发现了 1 000 个和嗅觉相关的基因，每一个基因都对应一个嗅觉蛋白，当这些嗅觉蛋白感受到特定的气味分子时，会向大脑传递电信号，大脑就可以感知这种气味，这就是嗅觉的由来。尽管科学家发现的嗅觉蛋白只有 1 000 种，但通过不同嗅觉蛋白的组合，人类可以明确分辨2 000~4 000 种气味。

我们经常能闻到，医生身上有消毒药水味，厨师身上有饭菜味，但他们自己却浑然不觉。这是因为当某种气味悄然来袭时，一个嗅觉正常的人很快就能闻到，不过随着这种气味物质持续存在，我们对这一气味的感知会逐渐减弱，甚至觉察不到。这是因为传导气味的嗅细胞的表面受体达到了饱和。古人说的“入芝兰之室，久而不闻其香”就是这个道理。

阅读延伸

嗅觉是最古老的感觉系统之一。早在5亿年前，腔肠动物（例如水母）出现时，嗅觉器官就出现了。而到了鱼类，就已经有了我们传统概念上的鼻子。然而，那时鱼类的鼻子并不与呼吸道相连，仅仅用于判断水质等。从两栖类动物开始，鼻子才与呼吸道融合，渐渐变成现代鼻子的模样。

妈呀！好臭好臭！

说到气味，不得不提榴梿！此君不仅外表清奇，浓郁又独特的气味更是令人印象深刻，常年稳坐水果圈头号“争议人物”的宝座。

有人爱榴梿爱得要命，心甘情愿花大价钱也要吃榴梿。有人却极度讨厌榴梿，远远见了它，都要捏着鼻子绕道走。这是为什么呢？有人说，榴梿因为有极致的浓郁果香，所以闻起来就有股臭味。“物极必反”还能这么体现吗？浓郁的香味真的会变成臭味吗？

科学家们经过研究发现，榴梿在散发气味这方面，硬是以一己之力顶上了半个动物园——它散发的气味有臭鸡蛋味、臭鼬味、奶油味、香草味、腐烂的洋葱味，甚至还有金属味和橡胶味……林林总总多达 60 种。我们闻到的“榴梿味”，其实是

这60种气味的“大合唱”。就像大合唱里，有高音，也有低音，榴梿的混合气味中，有香气，也有臭气，其中的臭气来自挥发性的含硫化合物。

像榴梿这样游走在香臭两界的食物，还有老北京人喜好的豆汁儿和安徽人钟爱的臭鳜鱼，以及从南到北都不乏拥趸的臭豆腐。这些食物中散发的臭味，和榴梿的臭都来自含硫化合物。而偏偏就是这股臭味，对于有些人来说，臭得好，臭得妙，臭得味道呱呱叫！要是没有这股子迷人的臭味，那榴梿、臭鳜鱼和豆汁儿这类的美食，就没有了灵魂。不得不说，人的嗅觉和味觉系统真的很复杂！

科学家们不仅研究我们所处的这个世界，也把好奇的眼光投向我们自身，为什么眼睛能看，耳朵能听，鼻子能闻？这些看似不是问题的问题，实则信息量巨大、知识点爆棚。然而，长久以来，在各种感觉中，嗅觉的产生机制最为迷雾重重。在发现了约

1 000 个和嗅觉相关的基因后，阿克塞尔和巴克乘胜追击，各自向终极谜题发起冲击，最终解锁了嗅觉系统的工作原理。他们也因此获得了 2004 年诺贝尔生理学或医学奖。

啊！我闻到了……

说到含硫化合物，它可以说是人类鼻子“通缉”的要犯！人类的鼻子对含硫化合物非常敏感。就拿一种名叫丁硫醇的含硫化合物来说吧，如果我们一次吸气中，吸入了 8 个丁硫醇分子，那么嗅细胞就会立刻报警：注意，含硫化合物出没！相比之下，人类鼻子对其他物质就没这么高的灵敏度，哪怕吸进几百个醋酸分子，鼻子也不会着急忙慌地打小报告：这周围有醋。

丁硫醇

为什么我们的嗅觉系统会对硫这么敏感呢？这大概是长期进化的结果。

很久以前，当人类的祖先还住在山洞里，靠打猎、采野果填饱肚子的时候。为了避免有上顿没下顿，好不容易抓到的猎物，人们会格外珍惜，就算吃不完也不舍得随随便便扔掉。可那时候也没有冰箱、冰柜呀，吃不完的肉类很容易腐败变质。人一旦吃了腐败变质的肉，轻则上吐下泻，重则一命呜呼。因此，下嘴之前，仔细鉴别食物是否腐败变质成了人类必须掌握的自保技能。

肉类中含有大量的含硫蛋白质，它们腐败变质的一个典型特征就是，这些含硫蛋白质被分解，并释放出有刺激性臭味的含硫化合物。也许起初，人类的祖先对于含硫化合物的气味还不太敏感，吃坏肚子的惨痛教训没少发生。在医疗水平很低的原始社会，也有不少人因此丧命。久而久之，在长期的进化中，那些能够识别并厌恶含硫化合物气味的人，取得了进化优势。含硫化合物的气味就这样深深地“印”在了人类的基因里，一代一代，因此今天的我们对这种气味高度敏感。

嗅觉也需要保护

在正常情况下，人类的嗅觉是相当给力的，特殊的训练还能让人类的嗅觉更加灵敏，比如香水鉴定师的鼻子就比我们一

屁为什么是臭的？也是含硫化合物干的好事！屁和粪便的臭味中含有硫化氢（H_2S）。

般人的鼻子厉害得多。不过，和有些动物相比，我们的嗅觉就甘拜下风了。比如狗的鼻黏膜嗅区的面积比人类的大多了，嗅细胞的数量更是人类的 30~40 倍！所以想都不用想，我们的鼻子无论如何也不如狗鼻子那样灵敏。

我们经常接受爱护眼睛、保护视力，以及关爱耳朵的健康宣传，却很少关注我们的嗅觉。在大多数人的认识里，鼻子能闻到气味是天经地义的。其实不然！嗅觉也会决绝离我们而去，留给我们一个没有任何气味的世界。也许你觉得，那才好呢，以后上厕所还不用捂鼻子了呢！那是你只看到了事情的一面。

失去嗅觉是一件非常痛苦的事情，世界上有大约 5% 的人正被嗅觉缺失症折磨，对于他们来说，不管怎么努力吸气，也是什么都闻不到的。再名贵的香水和自来水也没什么不同；美味的食物在他们口中味同嚼蜡；煤气泄漏或者锅都烧煳了也全然不觉；室内弥漫着有害气体，他们因为闻不到而无法撤离或者及时开窗通风；因为无法通过气味预警，他们吃任何东西的时候总是如履薄冰、胆战心惊，生怕自己无意中吃到了变质的东西。

看到这里，你会反驳说：鼻子罢工了，那我还有舌头呢，怎么会吃东西没味道呢？事实上，味觉和嗅觉紧密相关，有研究表明，大约 80% 的味觉依赖于嗅觉，除了酸、甜、苦、咸 4 种基本味道，我们能尝到其他味道，基本都是靠鼻子感知的气味。不信的话，你不妨做个小试验：捏住自己的鼻子，吃一块你最喜欢的巧克力。你会惊奇地发现，巧克力的味道大打折扣。这是因为空气无法进入鼻腔后部，嗅觉系统得不到刺激。感冒严重时，我们鼻子不通气，不就是吃什么都没味吗？

日常生活中，导致嗅觉衰退的原因有多种，包括呼吸道感染、药物的副作用、上了年纪，以及长期吸烟的刺激。在这些因素中，上了年纪这件事是我们必须面对的，而其他几种我们至少可以尽量避免：拒绝烟草；不要随便吃药，在医生的指导下合理用药；做好个人防护，少生病感冒。

嗅觉远比你想的更加神奇，也更加重要，好好保护它吧。

阅读延伸

你还不知道吧？鼻子竟然会背着我们偷懒。大多数情况下，两个鼻孔是交替工作的。如果两个鼻孔时时刻刻都在“搞事业”，不断地呼吸，会让鼻子干燥，从而导致流鼻血，或是患上其他一些疾病。而两个鼻孔轮流值班能保证我们吸入清洁、湿润的空气，保持鼻子健康。

诺贝尔奖群英谱
2004 年 诺贝尔生理学或医学奖
- 授予 -
理查德 · 阿克塞尔 / 1946-
美国医学家
琳达 · 巴克 / 1947-
美国生物学家
表彰他们发现气味受体和嗅觉系统的组织方式
PRIZE

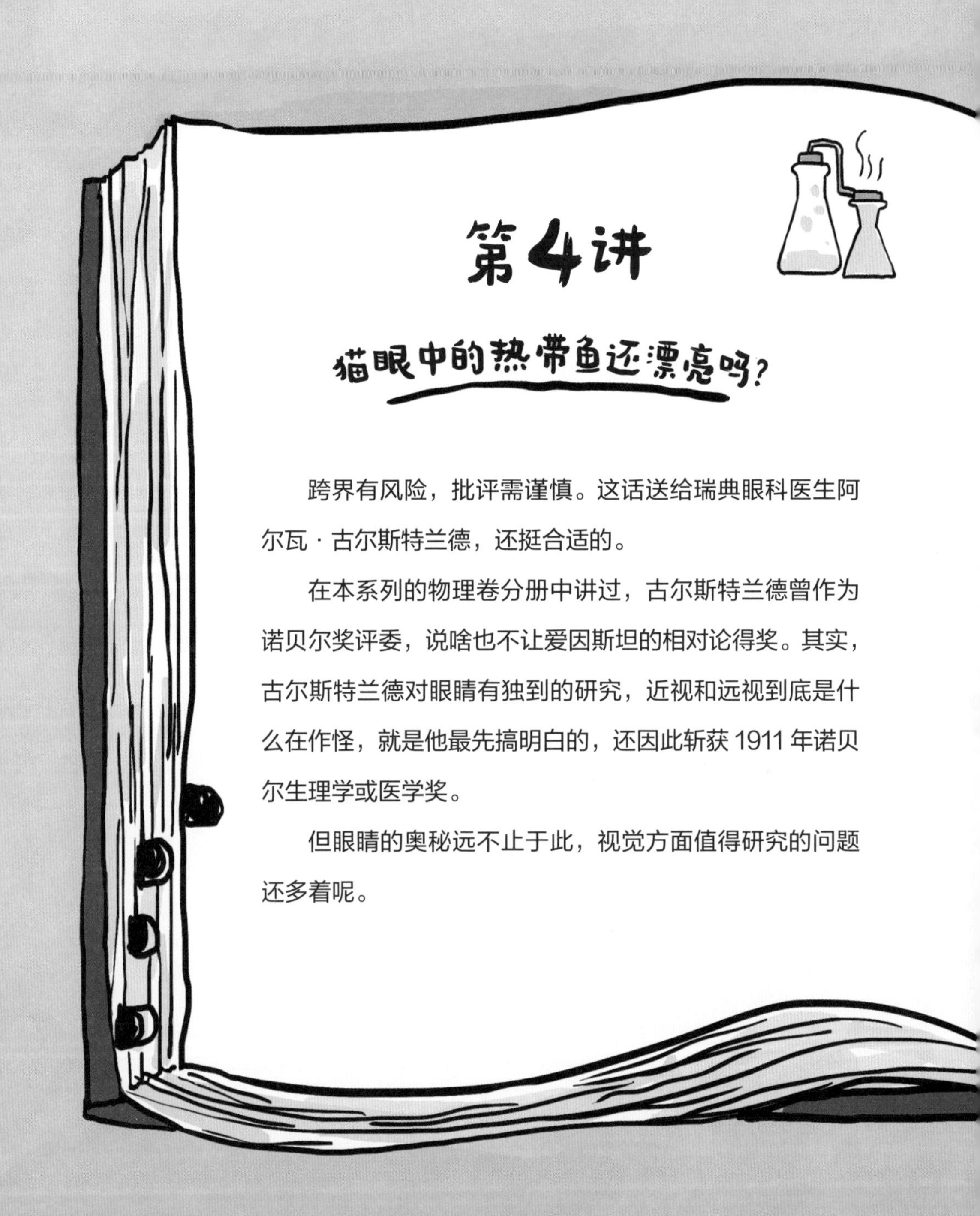

第4讲

猫眼中的热带鱼还漂亮吗？

跨界有风险，批评需谨慎。这话送给瑞典眼科医生阿尔瓦 · 古尔斯特兰德，还挺合适的。

在本系列的物理卷分册中讲过，古尔斯特兰德曾作为诺贝尔奖评委，说啥也不让爱因斯坦的相对论得奖。其实，古尔斯特兰德对眼睛有独到的研究，近视和远视到底是什么在作怪，就是他最先搞明白的，还因此斩获 1911 年诺贝尔生理学或医学奖。

但眼睛的奥秘远不止于此，视觉方面值得研究的问题还多着呢。

视网膜的作用是什么?

古尔斯特兰德通过仔细研究发现，只有光线聚焦在视网膜上，我们才能看得清楚东西。不过，视觉的全部奥秘，至此并没有大白于天下，凡事就怕问一句“为什么”。为什么非得要光线聚焦在视网膜上?这个视网膜在眼睛里究竟起什么作用?古尔斯特兰德并不知道。

说起视网膜，最早是由阿拉伯人伊本·海赛木提出，他生活在10—11世纪。此人涉猎极广，对天文、物理和数学都有研

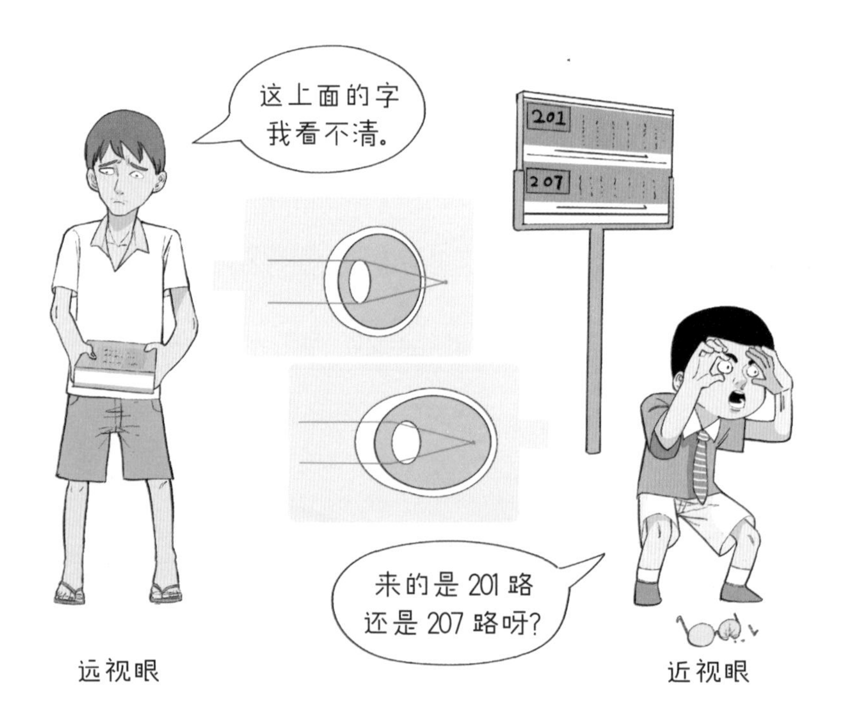

究。视网膜、角膜、玻璃体等概念，就是他最早提出的，太厉害了。

19 世纪末，有着“现代神经科学之父”称号的西班牙神经组织学家拉蒙 - 卡哈尔对视网膜进行了染色研究，并由此提出了神经元理论。他因此获得了 1906 年诺贝尔生理学或医学奖。

近视的人需要佩戴凹透镜来矫正，凹透镜对光有发散作用。而远视的人戴的是凸透镜，就是放大镜，放大镜可以汇聚光线。佩戴这两种镜片都是为了让光线能聚焦在视网膜上，这样就能看清楚了。

在此之后，瑞典生理学家拉格纳 · 格拉尼特进一步研究视网膜。他发现，视网膜上的神经元的活动会因为光的刺激而被激活或受到抑制。这说明视网膜是我们眼睛中真正感受光的部分，怪不得光线要聚焦到视网膜上，我们才能看清楚呢。那么，问题来了，不同颜色的光对视网膜的刺激，有什么不同吗？格拉尼特对这个问题进行了研究，发现视网膜上不同的视细胞对不同颜色的光反应不一，其中反应最为敏感的是蓝色光、绿色光和红色光。

同一时期，美国生理学家霍尔登 · 凯弗 · 哈特兰用相当精巧的方法从视网膜上分离出了单个视细胞，并证明在受到光的刺激后，这些视细胞会放电，放电频率与视网膜所感受到的光照的强度正相关。视细胞放出的电信号被传递到大脑里，我们就感受到了光。哈特兰的工作证明了，视网膜可以把光信号转化为电信号，并把电信号传递给大脑。原来，视网膜在眼睛中的作用相当于光电转换器。哈特兰的工作终于让我们了解了，我们是怎么看见这个世界的。

格拉尼特和哈特兰获得了 1967 年的诺贝尔生理学或医学奖。

视网膜上的“小甜筒”

在视网膜上，有这样一种长相可爱的细胞，它们看上去有点儿像迷你甜筒冰激凌，也就是呈圆锥形，因此被称为视锥细胞。猜猜看，视锥细胞的作用是什么？

每只眼睛中大约有 700 万个视锥细胞，主要分布在视网膜的中央区域，而在视网膜的周围，视锥细

胞就很少了。视锥细胞的主要职责是感知颜色。

人眼中视锥细胞有 3 种，可以分别感受红色、绿色和蓝色的光。当一束光进入人眼后，这 3 种细胞会分别感应出这束光中红、绿、蓝三种颜色的强度，然后将信号传递给大脑。我们的大脑会根据这些信号还原出这束光的样子，于是我们就感受到了这个世界的万紫千红。

视锥细胞是眼睛中的颜色感知器，不过很遗憾，每个人眼睛中视锥细胞的数量和质量不同，这就造成了每个人对颜色的分辨和感知能力的不同。经过专业训练的美术工作者对颜色的分辨和感知强于普通人。同是夏天的树荫、湖水的颜色，在他们眼里，这个稍微深，那个略微浅，这个偏冷，那个偏暖，这个明一点儿，那个暗一点儿，甚至这个纯，那个不够纯……他们能说出一大套一大套的差异。而有一些人听到这些就晕了，你要是问他："你觉得这两个颜色哪个更好看？"他会一脸茫然地反问："有什么不同？不是一个颜色吗？"不是他们捣乱不配合，是真的看不出来！他们无法分辨有些颜色之间的差异，甚至有极少数人只能分辨黑、白两种颜色。

很多动物就是色盲，它们眼里的世界远不如我们眼中的那样五彩缤纷。大部分哺乳动物，如牛、羊、马等只能分辨黑、

白、灰等颜色。狗可以分辨黄色、蓝色和灰色，而猫可以看到紫色、蓝色、绿色。所以假如猫狗们有想法的话，大概会对我们热衷于欣赏热带鱼很不理解。

谁“偷”走了夜晚的颜色?

你肯定也早就发现了：到了夜晚，关上灯，即便你还能看到周围的东西，却看不出颜色了。这时，如果要用毛巾、拿水杯，或者想起某本书或者笔记本还没放进书包，可一定要小心了！要是图省事，摸黑去找，保不齐就拿错了。这是为什么呢？

根据前文的介绍，聪明的你应该可以猜出缘故。谁负责感知颜色呀？视锥细胞。夜晚没有光的情况下，我们看不到颜色，那只能是视锥细胞“下班”啦。没错！我们的视锥细胞只在光线比较强的环境下工作。没有光，“小甜筒”就罢工了！可为什么我们在夜晚还能看到一些东西呢？那又是谁在上夜班呢？

在视网膜上还有一种长得像辣条的细胞，叫视杆细胞。视锥细胞有 3 种，视杆细胞只有 1 种，但是它的数量可比视锥细胞多多了，有 9 000 万个，主要分布在视网膜的外周区域，在视锥细胞密

集的视网膜中心区域，几乎没有视杆细胞。当光线比较昏暗时，视杆细胞接替视锥细胞承担感知光的重任。视杆细胞只有 1 种，主要感受物体的明暗，所有的东西到了它那里，都变成黑白的了。

鸡、鸭等部分鸟类的眼睛里，视锥细胞较多而视杆细胞不足，所以在夜间，它们都变成了“瞎子”，什么也看不见。

夜盲症是怎么回事？

有些人一到晚上就看不到或看不清，这是一种病，叫夜盲症。人为什么会得上夜盲症呢？

早在第一次世界大战期间，人们就发现了缺乏维生素 A 与夜盲症的关系。随后，美国眼科学家乔治 · 沃尔德在实验中发现视网膜中居然就含有维生素 A。为了更好地研究视网膜中的维生素 A，沃尔德前往瑞士化学家保罗 · 卡勒的实验室寻求帮助。卡勒正是维生素 A 的分子结构的确定者，凭借对维生素的研究而获得 1937 年诺贝尔化学奖。

沃尔德与卡勒和其他科学家合作，发现无论是视锥细胞，还是视杆细胞，细胞内都有用于感光的视蛋白。而视蛋白正是通过和维生素 A 的结合与释放，才能在细胞内把光信号转化为神经元上的电信号。如果一个人的身体里缺乏维生素 A，那么视蛋白就不够活跃。而在夜晚，本来光线就弱，加上视蛋白无精打采，两个因素叠加就导致人看不见了。这就是夜盲症的原因。沃尔德因为这一发现而与格拉尼特和哈特兰共享了 1967 年的诺贝尔生理学或医学奖。

人类对于视觉的研究还有很多可喜的成果。大卫 · 休伯尔和托斯坦·威泽尔在大脑中发现了一个区域，这个区域的神经细胞会对视网膜传递过来的电信号产生反应。他们把这个区域称为“纹状皮层”，现在我们通常把这个区域称为初级视皮质。这一区域的细胞主要负责处理视觉信息。不仅如此，休伯尔和威泽尔还发现，人在出生到长大的过程中，有一段视觉关键期，如果在这一关键期内，人因为一些外部因素失去视觉，那么他将一辈子双目失明！其实，不仅仅是视觉，在听觉、语言、运动等各个领域，都有神经发育的关键期。1981 年，休伯尔和威泽尔获得诺贝尔生理学或医学奖。

眼睛是胚胎最早开始发育的器官之一。人眼平均每秒可以聚焦多达 50 次，即使世界上最高级的照相机也达不到这个聚焦速度。加倍爱护我们的眼睛吧！

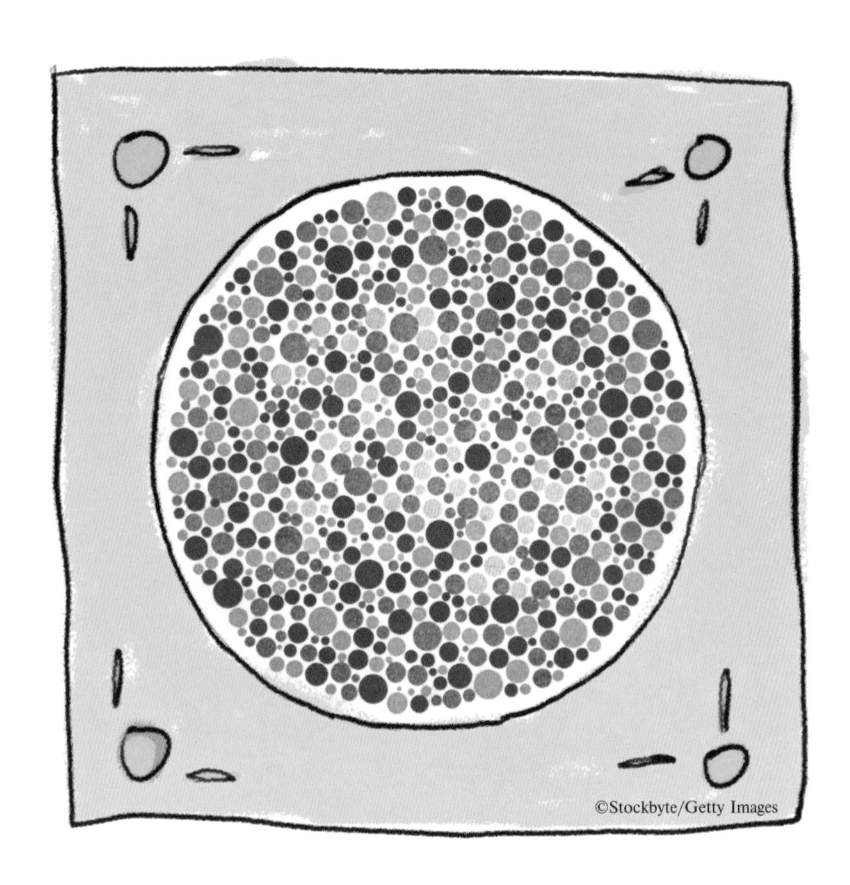

色盲测试。视力正常的人应该能看到数字 74，
红绿色盲的人会把它看成 21。

诺贝尔奖群英谱
1967 年 诺贝尔生理学或医学奖
- 授予 -
拉格纳 · 格拉尼特 / 1900-1991 瑞典生理学家
霍尔登 · 凯弗 · 哈特兰 / 1903-1983 美国生理学家
乔治 · 沃尔德 / 1906-1997 美国眼科学家
表彰他们发现了眼睛的主要生理和化学视觉过程
1981 年 诺贝尔生理学或医学奖
- 授予 -
大卫 · 休伯尔 / 1926-2013 加拿大神经科学家
托斯坦 · 威泽尔 / 1924- 瑞典神经科学家
表彰他们对视觉系统中信息处理研究的贡献

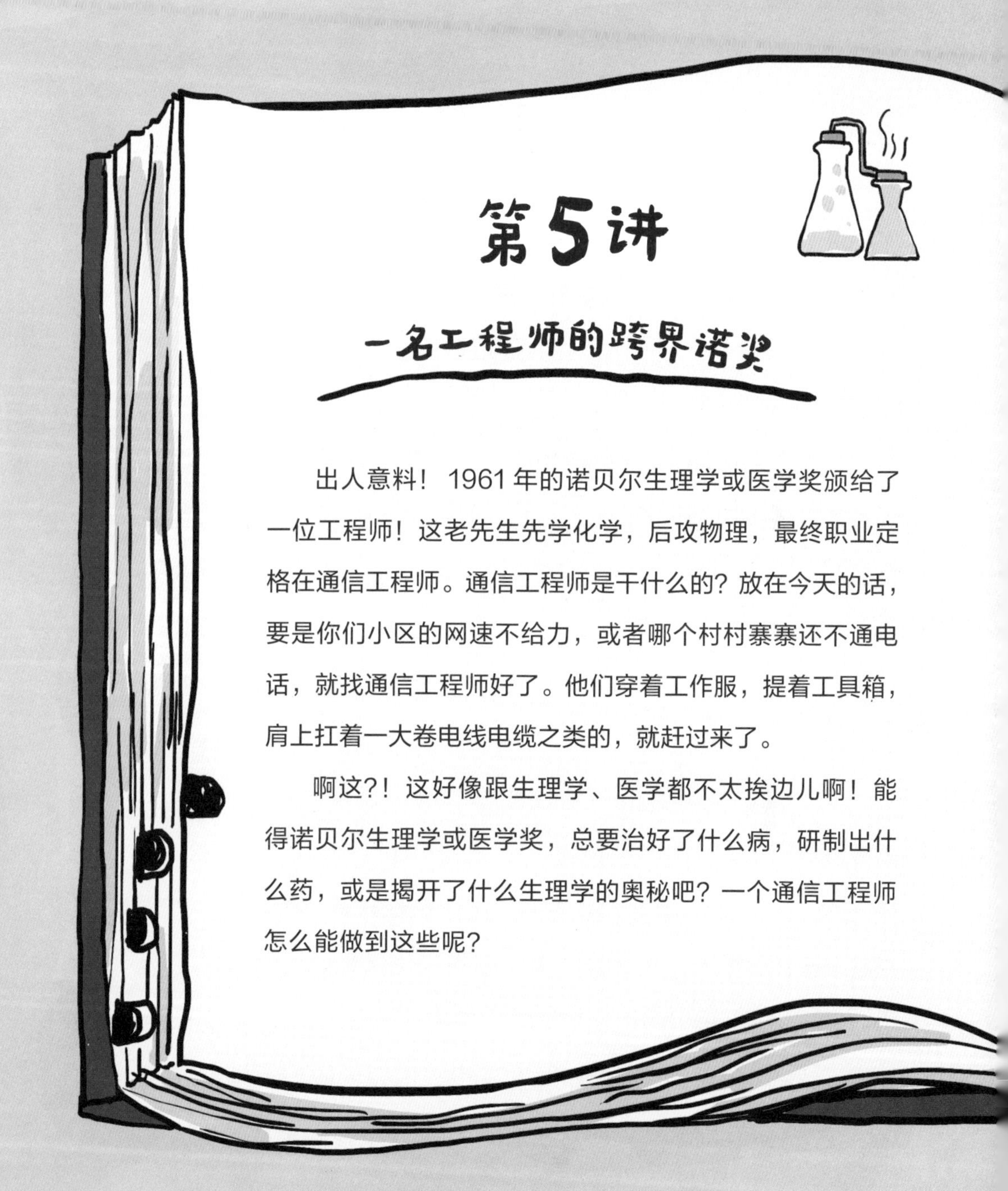

第5讲

一名工程师的跨界诺奖

出人意料！1961年的诺贝尔生理学或医学奖颁给了一位工程师！这老先生先学化学，后攻物理，最终职业定格在通信工程师。通信工程师是干什么的？放在今天的话，要是你们小区的网速不给力，或者哪个村村寨寨还不通电话，就找通信工程师好了。他们穿着工作服，提着工具箱，肩上扛着一大卷电线电缆之类的，就赶过来了。

啊这?！这好像跟生理学、医学都不太挨边儿啊！能得诺贝尔生理学或医学奖，总要治好了什么病，研制出什么药，或是揭开了什么生理学的奥秘吧？一个通信工程师怎么能做到这些呢？

忘掉的外语比学过的多

1899 年，盖欧尔格 · 冯 · 贝凯希出生在欧洲中部多瑙河畔的名城——布达佩斯。我们知道，布达佩斯是匈牙利的首都。不过在贝凯希出生的时候，匈牙利还不是一个独立的国家，而是奥匈帝国的一部分。

贝凯希的父亲是一位外交官，因为工作需要，他经常要带着一家人旅居不同的国家。因此，孩提时代的贝凯希有机会走南闯北，行万里路。都说小孩子适应能力强、学语言快，除了自己的母语匈牙利语外，贝凯希还能说德语、法语、意大利语，后来还学会了俄语和英语。长大后的贝凯希说，他忘掉的外语大概比别人学过的还多。

贝凯希在大学读的专业是化学，这可是当时的热门专业。可贝凯希却学得不怎么起劲儿，觉得这玩意儿没啥前途，说不定哪一天就成了物理学的一部分，干脆转系去学物理得了。1923 年，贝凯希在布达佩斯大学获得了物理学博士学位。

谁知作为一门学科，化学并没有被物理学“收编”，而作为一个应届毕业生，贝凯希却遇到了没人愿意“收编”自己的窘况——找不到工作。1923 年的匈牙利，还没有完全从第一次世界大战的噩梦中走出。作为战败国，奥匈帝国解体为三个国家，其中就包括贝凯希身处的匈牙利。战后的匈牙利百业萧条，哪有一个像样的实验室能让物理学家去研究那些象牙塔里的定律和假设？还是搞点儿实际的吧，人总是要吃饭的，贝凯希转行做一名通信工程师，也是环境所迫的无奈之举。

研究耳朵的通信工程师

匈牙利国家邮政局下属的电话系统实验室，年轻的贝凯希来上班了。

在那个年代，没手机，没网络，更甭提什么 5G 了，有的是摆在桌上的固定电话。丁零零——拿起听筒。“喂，你找哪位？什么？你大点儿声！我听不清楚啊……”

这种事，现在当然很少了，电话的通话质量都很不错。但贝凯希那会儿，这种事情就很普遍了。电话通过电话线传输信号，匈牙利正好位于欧洲中部，很多通信线路都要经过这里，所以责无旁贷，当时的匈牙利政府愿意出资解决通话质量的问题。

于是，我们的贝凯希有事做了。经过研究，贝凯希认为，影响通话质量的主要原因是当时的电话听筒和话筒的质量都不太行。因此他向政府建议，把钱用在刀刃上，政府的资金应该用于研制新的电话听筒和话筒。

具体怎么做呢？贝凯希不愧是物理学博士，还真能出点子，他的想法让人眼前一亮！贝凯希是这么考虑的：要想提高通话质量，先得清晰、不失真地接收说话人的声音，承担此项大任的话筒必须靠谱，决不能掉链子。什么样的话筒才算靠谱呢？耳朵不刚好就是现成的范本嘛！贝凯希打算，采用仿生学的方法研制出新的电话话筒。于是，就有必要先搞清楚耳朵的结构。

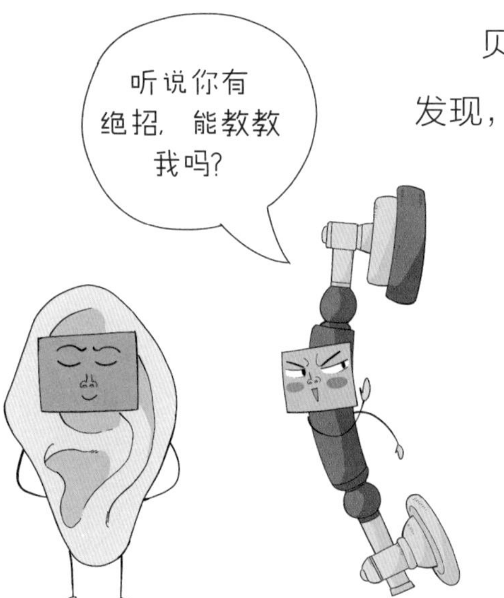

贝凯希直奔图书馆去查资料。他发现，当时对耳朵结构的研究成果还真不少，可关于耳朵到底是如何接收声音的，不知道，不清楚，不好说。要命！这才是贝凯希在研制新话筒过程中，最最想知道的问题呀！

就这样，贝凯希拿起了解剖刀，一头钻进了耳朵眼儿里。

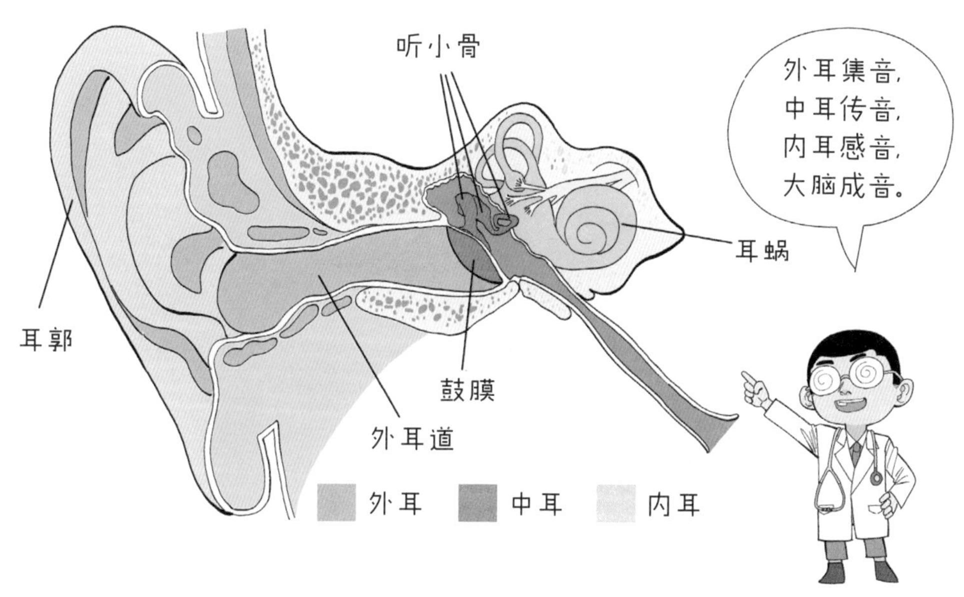

声波通过外耳道传到鼓膜，鼓膜的振动通过听小骨传到内耳，从而刺激了毛细胞，最终声音转化为电信号，再通过听觉神经传递给大脑。

发现耳朵的秘密

虽然不是学医出身，但贝凯希学习能力极强，而且胆大心细，做起事来一丝不苟。经过一系列实验，耳朵眼儿里的秘密，还真让他给发现了：当声音传入耳朵的时候，它以波的形式从耳蜗的底部传播到耳蜗的顶部，在传播的过程中，不同频率的波在不同的部位达到最大振幅。高频声波的振幅最大值出现在耳蜗的入口或底部，低频声波的振幅最大值则出现在耳蜗的末梢。贝凯希的这一发现被称为行波学说。它同时表明，我们的内耳自有一套办法去辨别声音。

就在贝凯希的研究进入关键阶段的时候，第二次世界大战爆发了，匈牙利再次被拖入了战争。贝凯希所在的实验室接到命令，手头的事情都放下，接下来所有研究工作都要为战争服务，贝凯希不得不中断自己的研究。战后，贝凯希去了美国。而他心心念念的能提高通话质量的话筒，在 20 世纪中期，被德国人开发出来了，并不断迭代更新。

现在我们知道，耳蜗内的毛细胞对我们的听觉至关重要。耳蜗中有很多毛细胞，当声音进入耳朵后，纤毛会在声音的影响下发生摆动。不同的毛细胞，纤毛的长短不同，对不同频率的声音的敏感度也不同。换句话说，不同的毛细

阅读延伸

对于我们来说，声波的频率高，就是音调高，声波的频率低，意味着音调低。一般来说，女声的频率就比男声的频率高。而声波的振幅大就代表音量大，大呼小叫的声波振幅就比喃喃细语的振幅大。而贝凯希发现了，人耳能听见的声音的响度和频率取决于神经感受器的位置和涉及的感受器的数量。

胞，能感知的声音不同，有的高亢，有的低沉。所有的毛细胞各司其职，感知不同的声音。纤毛摆动时，毛细胞内会产生生物电，这些生物电通过毛细胞尾部的神经纤维传导到大脑，我们就能听到声音了。是不是感觉毛细胞对于声音的辨别，有点儿像眼睛里视锥细胞对颜色的分辨？

我们每个耳朵里大约有 15 000 个毛细胞。如果因为一些原因造成毛细胞受损，那么直接的结果就是听力受损，有些声音听不见了。有些人因为一些特殊原因造成大量毛细胞受损，还有一些人的毛细胞先天发育就不好，存在听力障碍。

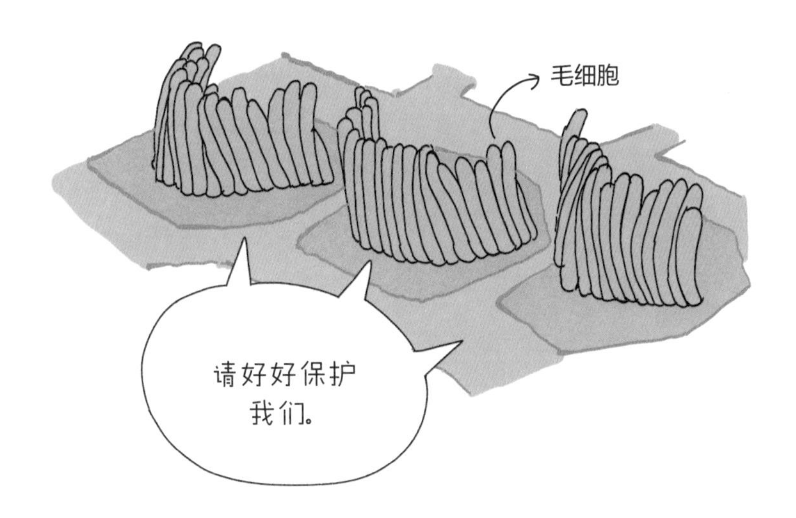

没接到的电话

虽说贝凯希并没有实现自己的最终目标，但他的发现既是开创性的，也是奠基性的，为后来者的相关研究打下了重要的基础，无论是开发话筒设备，还是研制人工耳蜗，都离不开贝凯希的发现。因为对耳蜗内部刺激的物理机制的研究，贝凯希被授予 1961 年的诺贝尔生理学或医学奖。

1961 年 10 月 18 日，贝凯希前往纽约，他要去领取美国听觉协会给他颁发的金质奖章。

当贝凯希走进举办颁奖活动的饭店时，忽然间，迎面一排排闪光灯唰唰地闪，照相机快门咔咔地响。出什么事了？毫无心理准备的贝凯希吓了一跳，掉头就走，还以为自己误入了迎接什么大人物的欢迎现场。然而，他看到的是，所有人的目光都投向他，紧接着，活动的主办方把他拽了回去，人们还争相和他握手，向他道贺。

原来，就在前一天晚上，当年的诺贝尔生理学或医学奖被宣布授予了贝凯希。在夜车上度过一晚的新科得主对此还一无所知呢。要说这事不合理呀！诺贝尔奖委员会把获奖信息公之于众，都不通知本人的吗？

原来，诺贝尔奖委员会是打过电话给贝凯希的，要告知他获奖的好消息。谁知，专门研究电话的贝凯希，竟然偏偏错过了这个非常重要的电话，以至于当他走进颁奖活动现场时，全场只有他一个人不知道今年的诺贝尔奖发给了谁。真是让人有点儿哭笑不得呢！

对于一些听障人士，现在可以用人工耳蜗来帮助他们听到声音。所谓人工耳蜗，其实就是用人造的电极来代替毛细胞，把声音转变成电信号，电信号通过听觉神经传递到大脑。这样，听障人士就能听到声音了。

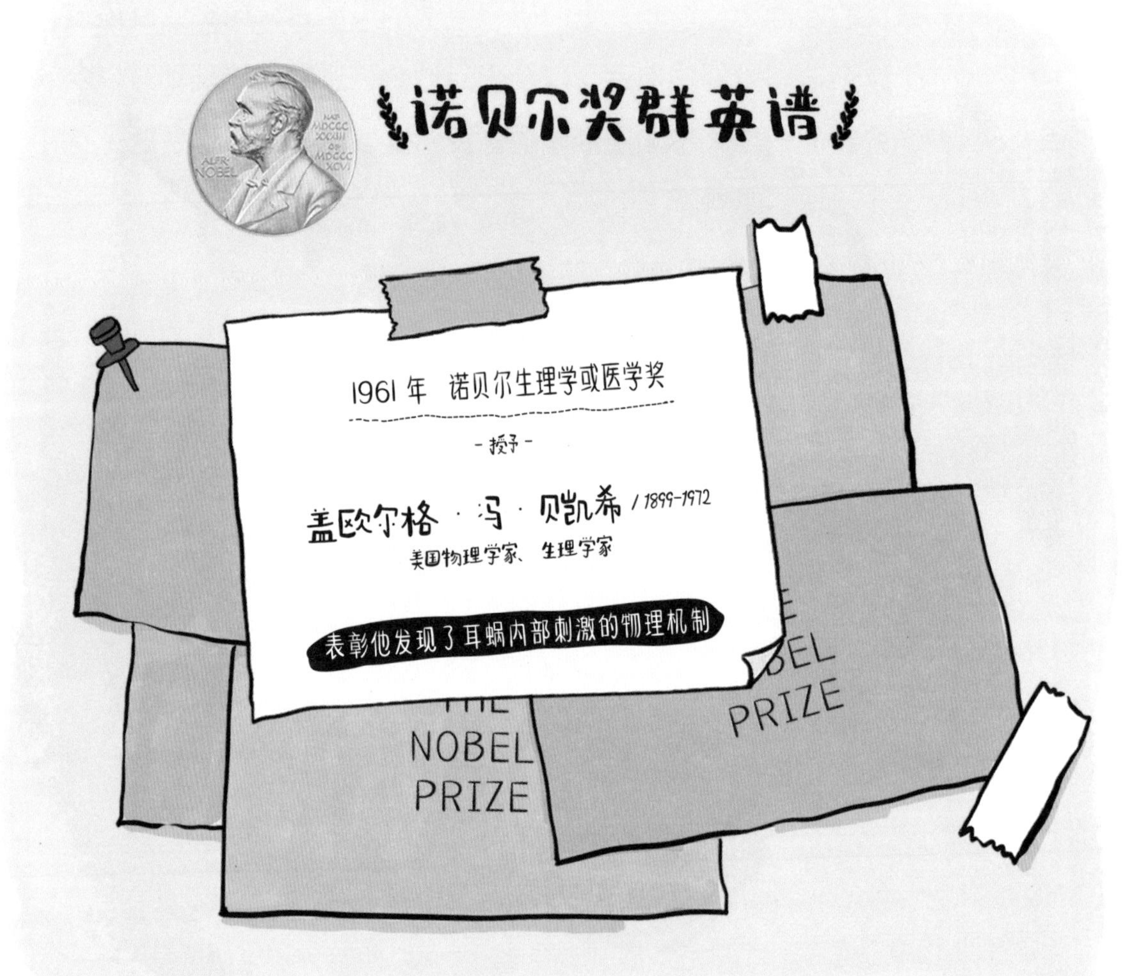

诺贝尔奖群英谱
1961 年 诺贝尔生理学或医学奖
- 授予 -
盖欧尔格 · 冯 · 贝凯希 / 1899-1972
美国物理学家、生理学家
表彰他发现了耳蜗内部刺激的物理机制
THE NOBEL PRIZE
NOBEL PRIZE

第6讲

等一下！“巴甫洛夫的狗”是个什么梗？

这是俄国的第一个诺贝尔奖。

它揭示的生理学奥秘就隐藏在你我的平凡生活中，演绎成各式各样或傻里傻气，或一惊一乍的行为，其中的大部分，我们早已见怪不怪、一笑了之。

有人说，我们每个人都是“巴甫洛夫的狗”。什么意思？我怎么是“狗”呢？听说过牛顿的苹果、薛定谔的猫，这“巴甫洛夫的狗”又是怎么回事？

丁零丁零！

汪，汪汪！

嘘！严肃点！科学家们在做实验呢……

汪，汪汪

下面，让我们试着用狗的视角来重新“打开”这个科学史上著名的实验。

汪！我是一只可爱的小狗，汪汪！

可是现在我被关进了一间隔音的屋子，这里安静极了，什么也听不到，当然，类似“狗拿耗子”这样的闲话也听不到了，算是耳根清净。

在被带到这里之前，那个叫巴甫洛夫的家伙，带着一群人给我做了个手术。手术中，他到底对我干了什么，我已经不记得了。反正在这个手术之后，我的嘴上多了一根管，他经常派人从这根管子收集我的口水。汪！真是无语！想要我的口水，你就直说嘛！我可以吐给你呀！犯得上对我动手术吗？还好意思说“狗拿耗子”，不想想你们人类管的闲事还少吗？汪汪！

在这里，我的伙食还不错。他们每顿都给我肉，我还吃到过郊外树林里打的野鸡，太好吃了！汪汪！每次吃饭前，会有一个铃铛丁零丁零地狂响，刚开始，我被吓了一跳，不知要发生什么。后来我慢慢发现，每次铃铛一响，我就有饭吃，就不讨厌那个铃铛了。渐渐地，一听到铃铛响，我就激动地流口水，

一个劲儿地用爪子挠门，嗷嗷地叫，急着想知道他们送来什么好吃的。讨厌的是，他们还要收集我的口水，汪汪！还让不让愉快地吃饭了？

这样的好日子没过多久，也不知道从什么时候起，铃铛响后，没有食物了，什么情况？汪汪！是我哪里得罪他们了吗？虽说我烦死他们没完没了地来收集我的口水，但我每次都配合他们了啊！为什么不给我食物了呢？丁零丁零……这个破铃铛又响了！等等，还有脚步声！对！就是那个送餐小哥的脚步声。虽然不确定今天会不会送来食物，但我的口水还是不争气地流了出来。门开了，我赶紧使劲儿闻了闻，没有食物！汪汪！太可气了！他要干吗？又要收集我的口水！汪汪！

其实，我从一开始就知道，那个巴甫洛夫和他手下的人，他们把我关在这里，就是为了研究我。可我猜到了开头，却没有猜到结局，敢情他们就想要我的口水！真是莫名其妙、不可理喻！人类啊人类，你们才是这个星球上最最古怪的生物，汪汪！

干吗这么折腾小狗？

如你所见，这就是苏联生理学家伊万·彼得罗维奇·巴甫洛夫做的一个非常有名的实验。是的，就是观察小狗听铃铛、流口水，说得专业一点儿，叫分泌唾液。听上去真有点儿不卫生，可问题是：一个大科学家干吗为了点儿口水，这么翻来覆去地折腾一只小狗？

19 世纪末，巴甫洛夫对消化系统的生理现象产生了浓厚的兴趣。起初，他的关注点在狗的胃上，通过实验，他发现在食物入嘴之前，狗就开始分泌唾液了，要知道，唾液也是一种消化液啊，这太有趣了！于是，唾液成了巴甫洛夫眼中的“灵魂分泌液”，他开始通过研究唾液分泌，探究消化系统的工作机

唾液是一种消化液，它由唾液腺分泌，我们熟知的腮腺就是唾液腺之一。唾液的成分绝大部分是水，还有黏蛋白和淀粉酶等。唾液可以润滑口腔黏膜、初步消化食物和便于吞咽，还有部分杀菌的作用。

理。因为这一研究，巴甫洛夫获得1904年诺贝尔生理学或医学奖。不过真正让他名满天下的，却是他在实验中的另外一个发现。

实验正式开始之前，他给狗狗的嘴上做了一个手术，用一根细导管把唾液引到狗的体外。这样，就可以收集并精确测量狗分泌的唾液了。

手术伤口愈合后，巴甫洛夫开始了他的实验。他让人把狗关在一间隔音的房间里，确保狗听不到其他杂音。每次给狗喂肉之前，都会有人摇铃，让狗听到铃声。经过一段时间以后，巴甫洛夫发现，只要狗听到铃声，即使没有看到肉，也会分泌唾液。显然，狗认为，只要铃声响起，就能吃到肉，所以它就不自觉地开始流口水。后来，铃铛依旧被摇响，但实验人员不给狗吃肉了。经过一段时间，他们发现，狗对铃声的反应减弱了，分泌的唾液也变少了。

食物→流口水：只要有食物入口，就会流口水，不光是狗，这是所有动物，包括我们人类与生俱来的本能，巴甫洛夫把它称作非条件反射。原本，摇铃铛和吃东西、流口水之间，没有必然的联系。但在巴甫洛夫的实验中，他设计了摇铃铛 + 给食物→流口水的过程，经过一段时间，出现了摇铃铛→流口水的情况。巴甫洛夫把这称作条件反射。

我也会条件反射吗?

条件反射是指，两个原本八竿子打不着的东西，它们长时间一起出现，于是，当其中一个东西出现时，我们会下意识地联想到另外一个东西。比方说，你有一个没见过面的网课同学，你们经常在网上讨论题目，分享学习资料，因为他的聊天头像是飞龙宝宝，所以你一看见飞龙宝宝，就想起这个同学。

条件反射能让机体把两件毫无关系的事情联系在一起。在动画片《猫和老鼠》中，有一只从狂欢节走失的熊，它温文有礼、人畜无害，不过有一点：只要音乐响起，它就情不自禁地跳舞。路过汤姆家，听到里面放着音乐，它二话不说搂着汤姆就跳舞。汤姆不胜其烦，因此想尽各种办法去关掉音乐，而惯会和汤姆作对的杰瑞则使出浑身解数放音乐。无论何时何地，只要音乐一响，熊就不由分说地架着汤姆无休无止地跳舞，杰瑞就在一边开心地看好戏。这一出令人捧腹的闹剧，背后的科学原理也是条件反射。我们可以看出，这只熊是不是跳舞，不取决于它是不是在舞台上，以及有没有人请它跳舞，只取决于有没有音乐。这样，我们就可以说，走失的熊是“巴甫洛夫的狗”。“巴甫洛夫的狗”指的是不经思考，只凭条件反射做事的人。

生活中，我们每个人都不可避免地扮演过“巴甫洛夫的狗”。小时候，你有没有被家长用“带你去医院打针”震慑过？类似“一朝被蛇咬，十年怕井绳”的经历，你有过没有？寒冬腊月里，看到有人穿得特别少，你有没有莫名其妙地发冷？就连我们的成语里，都隐藏着条件反射，比如望梅止渴、谈虎色变。

条件反射是人类及其他高等动物对环境改变做出反应的生理机制。巴甫洛夫的相关研究是人类第一次对高级神经活动进行准确客观的描述，它帮助我们更加深刻地认识和了解自己。

巴甫洛夫很忙，巴甫洛夫正在死亡

创立条件反射理论的巴甫洛夫是第一个获得诺贝尔奖的生理学家，同时也是俄国第一个获得诺贝尔奖的科学家。那么他到底是一个怎样的人呢？

1849 年，巴甫洛夫出生于俄国中部的小城梁赞，父亲是一位乡村牧师，家里没什么钱。因为父亲喜欢阅读，家里存着不少书，小巴甫洛夫也喜欢看书，一有空闲就如饥似渴地阅读父亲的藏书。

长大后的巴甫洛夫考入圣彼得堡大学学习自然科学。后来，他对生理学产生了兴趣，爱上了这门科学，也认定这是自己终生为之奋斗的事业。为了学得更扎实，夯实自己学业的基础，他甚至还主动要求留级一年，在生理学实验室里苦练基本功。他把自己的一双手练得十分灵巧，能又快又好地完成很多精细的外科手术，这为他日后实现一些独特新颖的实验创意，创造了有利的条件。

之后，巴甫洛夫在圣彼得堡实验医学研究所生理实验室工作，并在近半个世纪的时间里，一直是这个学科的领军人物。他研究过心脏生理，后来又转头研究消化系统，在每一个涉足的领域都做出了杰出的成就；而正是对消化系统的研究，让他登上了诺贝尔奖的领奖台。

巴甫洛夫每周工作 7 天，每年集中休假 2 个月。他醉心于科学研究，在生活上甘于粗茶淡饭。在战争时期，条件异常艰苦，缺衣少食，所有人都只能勒紧裤腰带过日子，巴甫洛夫家里的日子也是紧巴巴的。著名作家高尔基曾奉命前去慰问巴甫洛夫，问这位大科学家需要什么物资支持。他干脆地回答说："狗，需要狗！没有狗，我们的工作就要停止了，我的同事不得不上街去捉狗。"他压根儿不曾想过要求生活上的援助。

他说："科学需要一个人贡献出双重的精力，假定你们每个人都有两次生命，这对你们来说还是不够的。你必须怀着满腔热情去工作，去进行你的科学探索。"他自己就是这么做的。即使到了风烛残年，感到自己的生命之火越来越微弱，他仍然平静地保持着一个研究者"上下求索"的姿态。他在病床上用一个生理学家的方式体验着各种器官衰竭引发的机体变化，不断

阅读延伸

巴甫洛夫曾将一只狗的食道切断，将食道口缝合在狗脖子上。饿了狗一周后，他把一盘肉放到狗面前。狗立刻大口吃肉，由于食道被切断，肉无法进入狗的胃。然而，大约 5 分钟后，一根连通狗胃的橡皮管里竟然充满了胃液。这就是著名的假饲实验，说明只要食物进入口腔后，不论是否到达胃里，大脑中的迷走神经都会刺激胃分泌胃液。

向助手口述自己处于生命倒计时阶段的各种细微感受，毫无畏惧地把死亡当作一个需要认真研究的生命课题。据说当有亲友要来探望他时，他谢绝人家说："巴甫洛夫很忙，巴甫洛夫正在死亡。"

他曾告诫自己的学生：首先，要学会做科学的苦工；其次，要谦虚；最后，要有热情。没错，他自己就是这样的人。

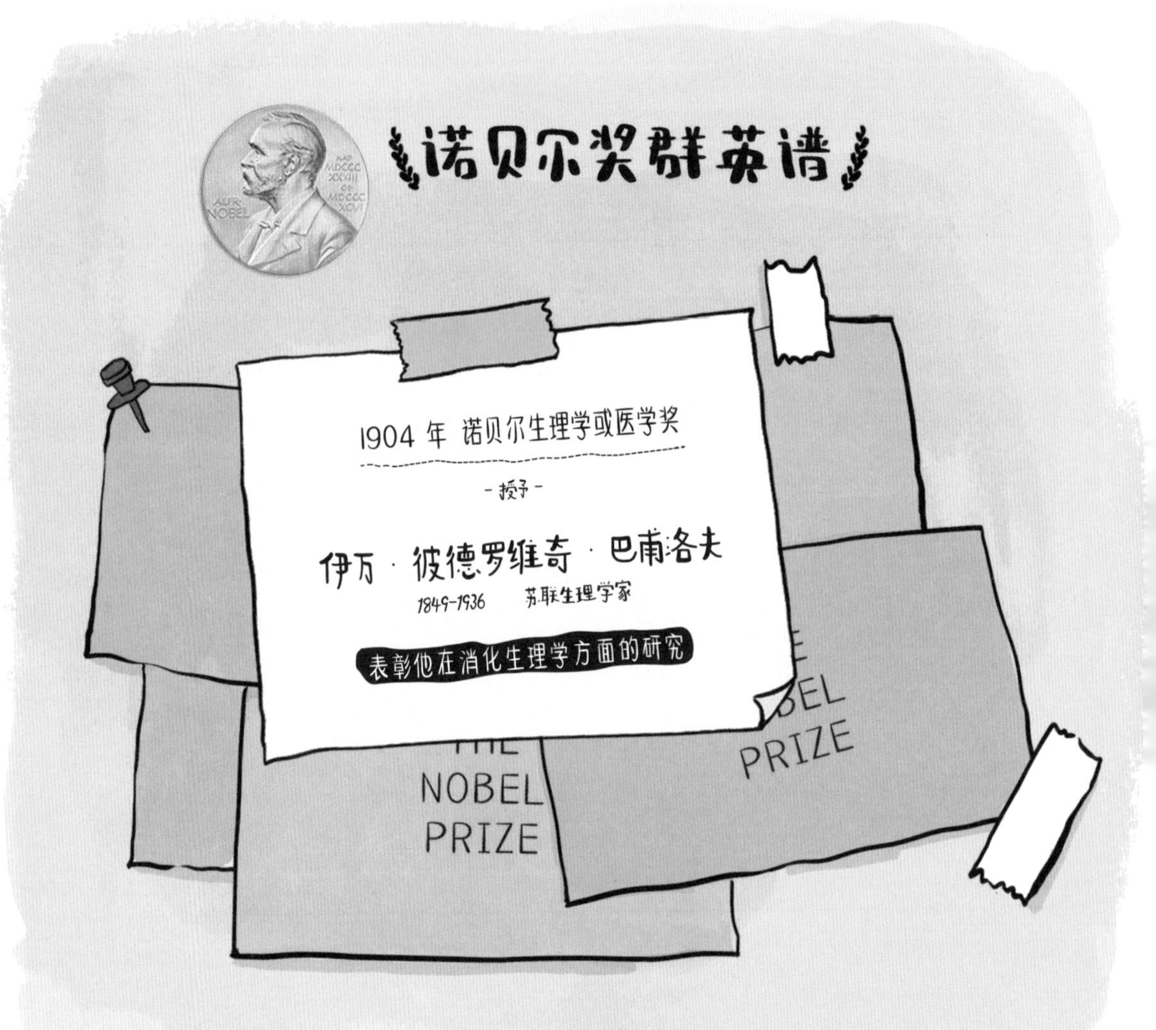
诺贝尔奖群英谱
1904 年 诺贝尔生理学或医学奖
- 授予 -
伊万 · 彼德罗维奇 · 巴甫洛夫
1849–1936 苏联生理学家
表彰他在消化生理学方面的研究
THE NOBEL PRIZE
THE NOBEL PRIZE
AVE. NOBEL

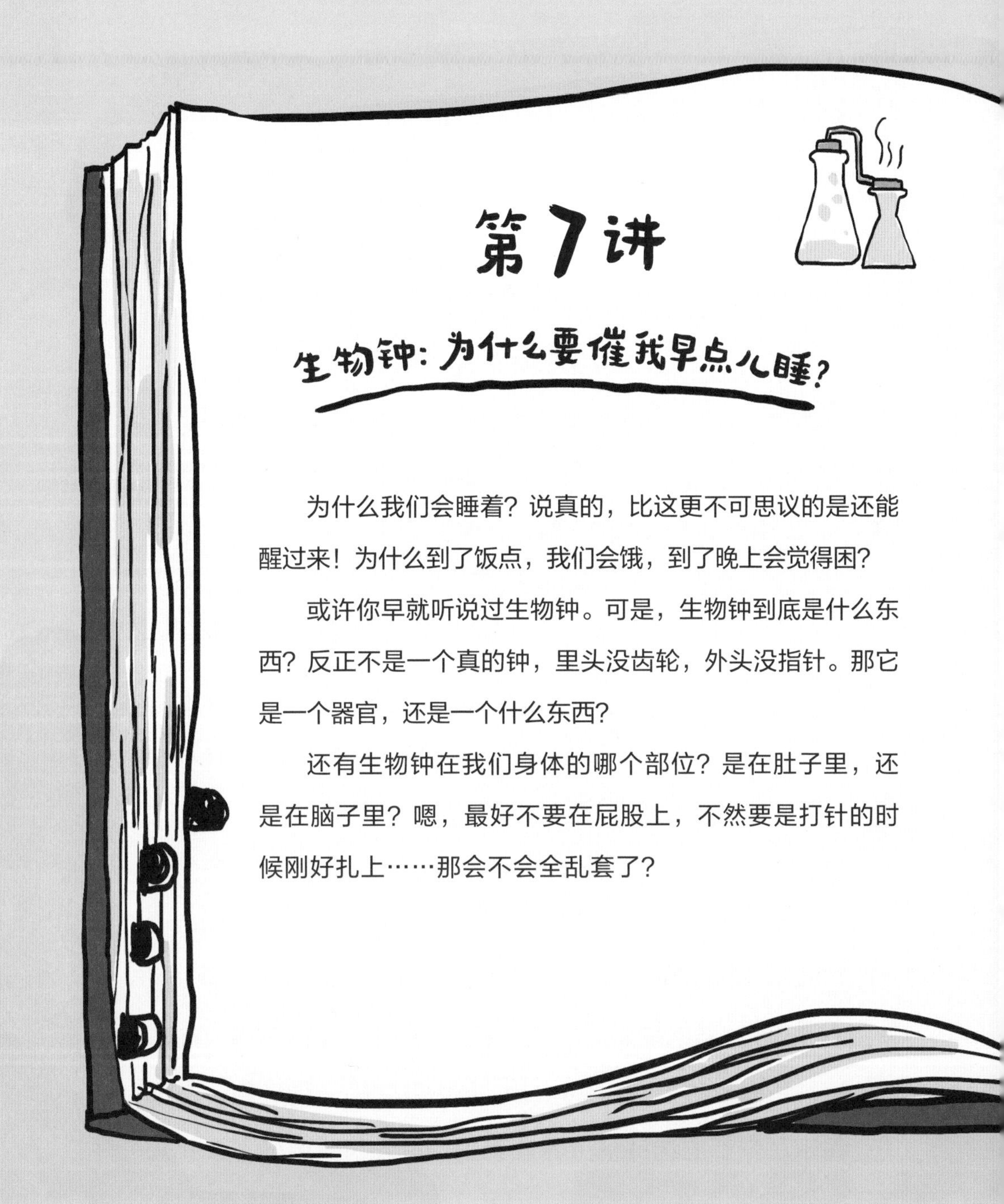

第7讲

生物钟：为什么要催我早点儿睡？

为什么我们会睡着？说真的，比这更不可思议的是还能醒过来！为什么到了饭点，我们会饿，到了晚上会觉得困？

或许你早就听说过生物钟。可是，生物钟到底是什么东西？反正不是一个真的钟，里头没齿轮，外头没指针。那它是一个器官，还是一个什么东西？

还有生物钟在我们身体的哪个部位？是在肚子里，还是在脑子里？嗯，最好不要在屁股上，不然要是打针的时候刚好扎上……那会不会全乱套了？

太神奇了吧

实际上，人类老早就发现，一些植物有能感知白天和黑夜的神奇能力。

1729 年，法国天文学家德梅朗对含羞草研究了一番。他注意到，含羞草的叶片在白天张开，夜晚闭上。起初，他想当然地认为：嘁，小样儿，光控的呗！于是他把含羞草关进了“小黑屋”。谁知含羞草依然白天张开，夜晚合上，不为所动！

我们一直认为，向日葵是随着太阳而转动方向，像仪仗队的士兵一样对着太阳行“注目礼”。但科学家们通过仔细观察发现，实际上太阳还没出来，向日葵就已经转向东方，静静地等着太阳“上班”呢。这说明，引起向日葵齐刷刷转头的并不是阳光，而是人家自己的生物钟。

植物尚且如此，动物的时间观念就更强了。据说，在美洲的危地马拉，你永远可以相信第纳鸟的“报时服务”，它们每过 30 分钟就会叽叽喳喳地叫上一阵子，相当守时，相当靠谱，误差只有 15 秒！当地的居民管它们叫“鸟钟”。无独有偶，在非洲的密林里有一种虫，每过一小时身体就变换一种颜色。在那里，每家每户都把这种小虫养在家里，看到它颜色变了，就知

你以为的向日葵　　　　实际上的向日葵

道又过去了一小时，因此管它们叫“虫钟”。

在我们的观念中，动物过的是“散养”生活，碰上食物就吃，碰不上就饿着，有精神有体力就到处溜达，困了累了倒在哪里都能呼呼大睡；植物就更无组织无纪律了，风吹雨淋，野蛮生长。殊不知，地球上的所有植物和动物，包括真菌在内，都有一套 24 小时的生命活动节律，也就是我们说的生物钟。为什么会这样呢？有一种解释是地球上的一个昼夜是 24 小时，要想在地球上活下来，还活得不错，就必须适应这个环境！这套昼夜节律相当强势，它对身体的统治可以说是由内到外、无处不在。不光我们的作息、饮食，还有消化、代谢、体温、血压、脑电波，呃，小点儿声说，也包括排便……统统都得听它号令。这套昼夜节律就是身体这家公司的“董事会”，掌管吃喝拉撒睡等各种日常业务，永恒不变的宗旨是“到什么时候干什么事儿”，基因和蛋白质是董事会的高层。

那么，说一不二的董事会总得有个办公室吧？它们在哪里办公呢？

嘀嗒，嘀嗒，我的生物钟在哪儿呢？

在眼睛后面的下丘脑上，有两个很小的区域，叫作视交叉上核，它由 20 000 多个神经细胞组成。视交叉上核和视网膜相连，可以感知白天和夜晚，进而向大脑和身体发出信号，控制激素的释放，调节食欲和体温。这里就是中央生物钟。

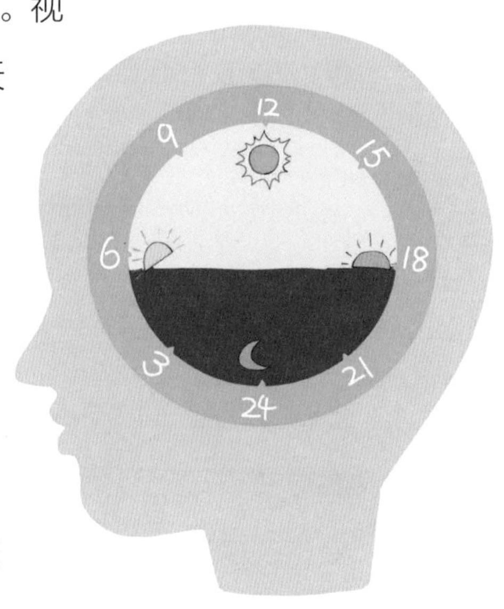

曾有报道说，有一名脑瘤患者在接受手术的过程中，医生除了切除肿瘤组织外，还切除了一小块视交叉上核组织。结果手术后，这位患者该

大脑里的松果体被认为是调节人体生物钟的重要器官。松果体分泌一种和睡眠相关的激素，叫作褪黑素。夜晚，褪黑素的分泌量升高，人就睡得深沉；清晨，褪黑素的分泌减弱，人逐渐醒来。如果褪黑素不足，人就会失眠。

吃饭时没有胃口，该睡觉时眼睛睁得倍儿大，该起床时叫不醒，他的昼夜节律消失了！

除了中央生物钟，生物钟还包括外周生物钟，在各种与代谢相关的器官上都有外周生物钟，比如心脏、肝脏、胃肠、肾脏，还有肌肉。

当清晨的第一缕阳光照射到眼睛的视网膜上时，立刻有神经信号把“天亮了，新的一天来到了”这个消息报告给大脑的视交叉上核。“董事会”的相关蛋白质开启了“上班模式”。有趣的是，相关蛋白质的这种“上班模式”在 24 小时内是逐渐衰减的，等到第二天清晨，再度被光照触发激活。就这样，以 24 小时为周期的昼夜节律调控得稳定又顺滑。

中央生物钟的信号通过神经的传导和激素的分泌，以及体温的变化等，影响外周生物钟。这里说的激素包括很多种，胰岛素就是其中之一。

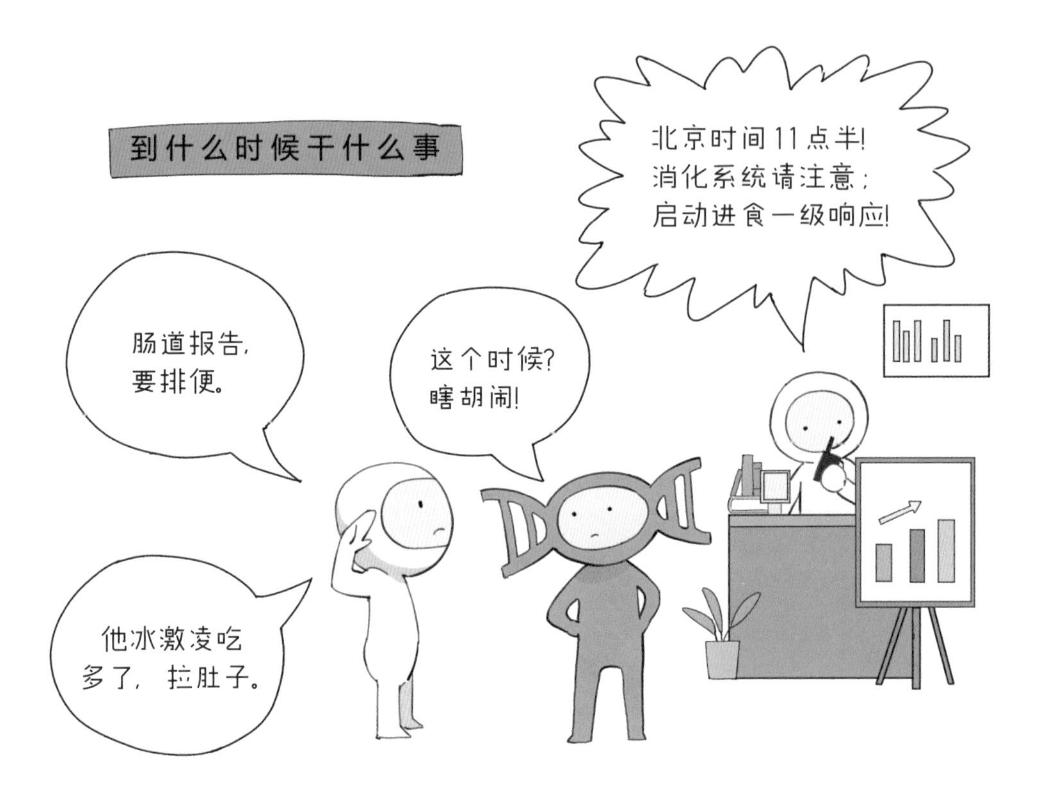

到什么时候干什么事
北京时间11点半!
消化系统请注意:
启动进食一级响应!
肠道报告,
要排便。
这个时候?
瞎胡闹!
他冰激凌吃
多了,拉肚子。

果蝇上线,诺奖来到

20 世纪 70 年代,科学家们才找到了哺乳动物生物钟的位置。而 20 世纪后半叶,分子生物学的发展给科学家们进一步探究到底是什么物质在对生物钟进行调节,提供了有力的武器。

研究的突破点来自实验室的包年住户、生物学家们的团宠——果蝇。

1971 年，美国科学家西莫尔 · 本泽尔和他的学生最早证明了存在一种未知的基因，这种基因的突变会扰乱果蝇的生物钟。

1984 年，美国科学家杰弗里 · 霍尔和迈克尔 · 罗斯巴什领导的科研团队和迈克尔 · 杨领导的科研团队，分别从果蝇体内分离、提取出了这种周期基因，并把它正式命名为 Per 基因（来自英文单词 period），把通过这个基因生产出来的蛋白质称为 Per 蛋白。他们发现，在夜晚 Per 蛋白在果蝇体内积累，到了白天又会被分解。这样一来，Per 蛋白在不同时段有不同的浓度，以 24 小时为周期升高或降低，与昼夜节律同步。

霍尔和罗斯巴什对这个现象做出了理论解释。杨则更进一步，发现了能够与 Per 蛋白共同起作用的 Tim 基因和 Tim 蛋白，以及 DBT 基因和 DBT 蛋白。更加深入的研究表明：人类

阅读延伸

果蝇是一种常在腐烂水果上飞来飞去的小虫。放大看，它们像小号蜜蜂，一对红眼很是醒目。果蝇生命周期短，繁殖力强，好饲养又便于观察，因此是科学家的团宠。100 多年来，果蝇 6 次助力科学研究，帮助科学家斩获诺贝尔奖。

和动物以 24 小时为周期的生物钟，是由包括 Per 基因和 Per 蛋白在内的 4 种基因和 4 种蛋白质共同作用的结果。

令人遗憾的是，本泽尔在 2007 年去世，而诺贝尔奖只颁给在世的科学家。因此，杰弗里·霍尔、迈克尔·罗斯巴什和迈克尔·杨共同分享了 2017 年的诺贝尔生理学或医学奖。

顺它者健康，逆它者内伤

也许你在想，要是没有生物钟也不错啊，谁想白天玩耍就白天玩耍，谁想晚上出门就晚上出门。自然界实现错峰出行。

听上去是不错，可如果这样的话，恐怕连你的生日聚会都开不起来——气球吹起来，彩带挂起来，生日蛋糕刚刚端上，小安已经打起了哈欠，豆豆和壮壮说这会儿根本吃不下。作为寿星的你，揉着惺忪的睡眼，强打精神。一曲《祝你生日快乐》唱成了催眠曲，唱完一半人已经趴在桌上呼呼地睡着了，另一半人看着满桌美味，毫无食欲。只有这个时间刚好有胃口，消化系统分泌了充足消化液的人可以大快朵颐，风卷残云。

晚上出去玩耍？只是听上去很美好。要知道黑灯瞎火，谁的眼神都不怎么好，保不齐会有什么意外或危险。也许你会说，生物进化，只要需要，到时候就进化出夜视能力了……没错！生物会进化不假。那可不是三次五次就能进化出来的，需要年年岁岁代代相传不断地重复同样的行为。再说生物钟都没了，哪儿还有规律啊？说不定眼睛刚有一点儿适应夜晚，哪天心血来潮，又想白天出门了……

所以，看到了吧？生物钟不是刻板的束缚、无聊的规矩，它能使生物更好地适应地球的环境。如果我们不遵守这个规律，晚上熬夜，任性吃夜宵，三餐不按时，那么身体接到的任务就

和生物钟“董事会”给出的作息指令不一致，“被迫营业”的身体无法很好地完成任务，人可能就会消化功能紊乱，长胖，患上糖尿病或一些心血管疾病。长期这样，身体会变得越来越差。

这下，你明白为什么每天晚上家长都会急吼吼地催你早点儿睡觉了吧！人体的生物钟其实远比你想象的还要精密。

是不是感觉特别神奇？越多了解生物钟的奥秘，越能帮助我们过好每一天，享受高效、精彩的生活。

好吧！看看现在几点了，该吃饭就快去吃饭，该睡觉就早点儿睡觉！

明天，又是精彩的一天。

阅读延伸

人体有周期，某些昆虫也有。一天 24 小时内的不同时段，昆虫的抗药性是不同的。如果我们掌握了这个周期，就可以在这类昆虫抗药性差的时候喷洒农药，这样就可以用比较少的农药杀死害虫了。

诺贝尔奖群英谱
2017 年 诺贝尔生理学或医学奖
- 授予 -
杰弗里 · 霍尔 / 1945-
美国遗传学家
迈克尔 · 罗斯巴什 / 1944-
美国遗传学家
迈克尔 · 杨 / 1949-
美国遗传学家
表彰他们发现了控制昼夜规律的分子机制
THE NOBEL PRIZE
THE NOBEL PRIZE

你不知道的诺贝尔奖

机构组织也可以拿诺贝尔奖？

机构组织可以获得诺贝尔和平奖，比如 2020 年和平奖的获得者是联合国世界粮食计划署，2013 年和平奖的获得者是禁止化学武器组织。但其余 5 个诺贝尔奖的获得者必须是个人。

每次获奖者不超过 3 位？

每项诺贝尔奖最多可有 3 位获奖者。对 3 人以上的团队，委员会将会决定谁被排除在外。如果 2 人获奖，奖金将平均分配。如果 3 人获奖，委员会将会决定如何分配奖金。

第8讲

人体定位系统：坐反地铁该怪谁？

走过大路记不住，进了小道犯糊涂，人说往东他往北，出门全靠一张嘴。

你身边有没有这样的人呢？今天坐反了地铁，明天走错了路口，听到“东西南北，往前往后，向左向右”，他就晕头转向，谁要给他指个路，可太难了！而有些人却完全相反，仿佛 3D 街景地图就长在脑子里，甭管什么犄角旮旯的小地方，还是曲里拐弯的小胡同，只要去过一次就能记得清清楚楚。

奇怪！人和人的差距怎么这么大呢？

2014 年的诺贝尔生理学或医学奖获得者告诉我们，“路盲”“活地图”都是天生的。

大脑里有只“小海马”

曾经，有一个病人为了治疗癫痫，需要接受脑外科手术。手术中，医生谨慎地切除了他的一部分大脑。谁知手术后，病人的癫痫病倒是部分好转，但是对一些以前的事情、一些认识的人，他都不记得了！这是怎么回事呢？

医生们为了查找原因，复盘了手术的全过程，想到了大脑中一个叫海马的组织，和病灶一起被切掉了一部分。这使人们第一次意识到，海马或许和人类的记忆有关。

什么是海马？它是大脑中的一部分，因为长得特别像大海里的小海马而得名。每个人都有两个海马，左右半脑各有一个。海马可以说是我们大脑里的“内存卡”。你在学习中经历的起起伏伏、酸甜苦辣，背后都有海马在默默参与。

我住在大海，那里很美。

我住在人的脑海，人脑的结构也很精美。

“下节课测验第 5 单元单词哟！”课间休息时，英语课

代表这一句话吓得你一激灵，急出一身汗。“糟糕！昨天晚上把这事忘得死死的，还没复习呢！”得了，拼一把！你赶紧拿出课本突击复习，争分夺秒地背单词。结果测验全对，太棒了！

这种短期记忆，就和我们的海马密切相关。

涉险过关后，你长舒一口气，太阳照常升起，功课每天都有新的，第 5 单元的单词，你再没看过它们一眼。那么过一段时间后，海马就会把它们清除掉，而你也就忘掉这些单词了。

阅读延伸

你有没有过“似曾相识”的感觉？就是明明没来过的地方，没经历过的事情，却有一种莫名的熟悉感，仿佛曾经来过或者在哪里做过，这叫海马效应。

如果测验过后，你还时不时拼写第 5 单元的单词，或者经常用这些单词造句、做题，那么海马就会充当一个中转站，把这些单词转移到大脑皮层，成为长时记忆。

海马主宰人的记忆。那些人称学霸的同学除了勤奋好学，十有八九海马也是很发达的，记忆力都很棒。

“小海马”还挺忙

海马掌管学习和记忆，那还用说，太值得研究了！很多生物学家都把研究目标锁定在海马上，生物学家约翰 · 奥基夫就是其中一员。奥基夫出生在纽约，1967 年在加拿大的麦吉尔大学拿到博士学位后，就来到英国的伦敦大学从事神经方面的研究。

奥基夫对海马很感兴趣，他想揭开更多海马的奥秘。他发现“小海马”还挺忙，除了掌管“记了吗”和“忘了吗”这两项主营业务，还提供“这是哪儿”服务。他在老鼠的海马中安装了一个记录电极，这个电极传递出的电信号会透露海马的变化。他把老鼠放在一个空旷的房间里，让老鼠随意折腾，爱上哪儿上哪儿。通过那个电极，奥基夫发现，当老鼠处在特定的位置时，海马中一些特定的细胞会变得活跃；当老鼠跑到屋子的其他位置时，海马的另外一些细胞活跃起来。他把这样的细胞叫作位置细胞。

老鼠在房间里无拘无束，东游西荡，这间大屋子就成了小老鼠探险的新世界，它不断地通过视觉、嗅觉、触觉去感知周围的一切。外界的信息也不断地通过感觉器官传入老鼠的大脑，大脑将这些信息与细胞中的记忆进行匹配。那些成功匹配的海马细胞变得活跃，于是大脑就能将外界的信息与自己存储的信息联系起来。这就是我们能够记住位置的原因。

原来我们是这样识别场景和地点的！诸如看到人民英雄纪念碑，就知道到天安

门广场了；看到江对岸的东方明珠，就知道到外滩了；看到布达拉宫，就知道到拉萨了。这些全都是拜海马所赐。

奥基夫还发现，这种位置记忆既有可能随着时间的推移而被遗忘，也可以通过反复训练得到加强，乃至终身保留。研究发现，资深的出租车司机海马的个头儿比一般人的要大一些，这也不奇怪，他们的脑袋里确实要比一般人“装着”更多的道路和地点。

阅读延伸

阿尔茨海默病（俗称老年痴呆）的病人都被发现有一定程度的海马细胞受损。奥基夫在研究老鼠的阿尔茨海默病时，证明了空间位置能力的弱化和空间记忆的恶化有关。阿尔茨海默病的初期，大脑的位置细胞会频遭破坏，使患者不认路了。

网格细胞时刻为你导航

然而，仅仅记住一个地方的特征，并不意味着我们知道怎样能到达那里。如果只告诉你天安门广场有雄伟的人民英雄纪念碑，你知道怎么去吗？肯定不行啊，你至少还得知道，天安门广场在北京市东城区东长安街上，更准确地说，是东经116°23'17"，北纬 39°54'27"。

哇！这种多少经度、多少纬度的说法，听起来特别专业、特别科学。它可以清晰准确地描述一个地点，你不用知道那个地方是旁边挨着家快餐店，还是门口有棵歪脖树，这些乱七八糟的，统统不需要！它简单明了地给地球上的每个地点赋予一个独一无二的位置坐标。

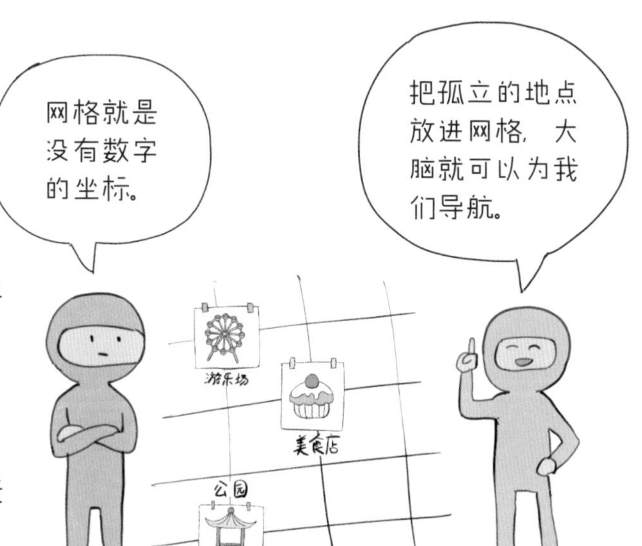

网格就是没有数字的坐标。
把孤立的地点放进网格，大脑就可以为我们导航。
游乐场
美食店
公园

起初，科学家们认为，动物体内的这种“坐标”系统也位于海马内，但他们却一直没有找到。

2005 年，奥基夫

的学生——挪威神经科学家梅－布里特·莫泽和她的丈夫爱德华·莫泽在海马以外一个叫作内嗅皮质的脑区里发现了一种全新的神经元，他们将这种神经元命名为网格细胞。网格细胞的作用就相当于我们说的“坐标”，它的存在让大脑可以为我们导航！因为找到了大脑内的定位系统，奥基夫和莫泽夫妇一同获得了 2014 年诺贝尔生理学或医学奖。

阅读延伸

梅－布里特·莫泽是一位了不起的妈妈，她曾经一边抱着年幼的女儿，一边坐在高大围栏后观察她为了科学研究而饲养的动物。她和丈夫爱德华·莫泽有两个宝贝女儿，他们开玩笑说：实验室是他们的第三个女儿。夫妇俩联手合作，一起获得了诺贝尔奖。这样的诺奖夫妇，在诺贝尔科技类奖的历史上一共有 4 对。

你怎么
迟到了？
集合地点
迷路了，因为我关了手机导航，只启用网格导航。

诺贝尔奖群英谱
ALFR. NOBEL
2014 年 诺贝尔生理学或医学奖
- 授予 -
约翰·奥基夫 / 1939-
英国神经科学家
梅-布里特·莫泽 / 1963-
挪威神经科学家
爱德华·莫泽 / 1962-
挪威神经科学家
表彰他们发现了构成大脑定位系统的细胞

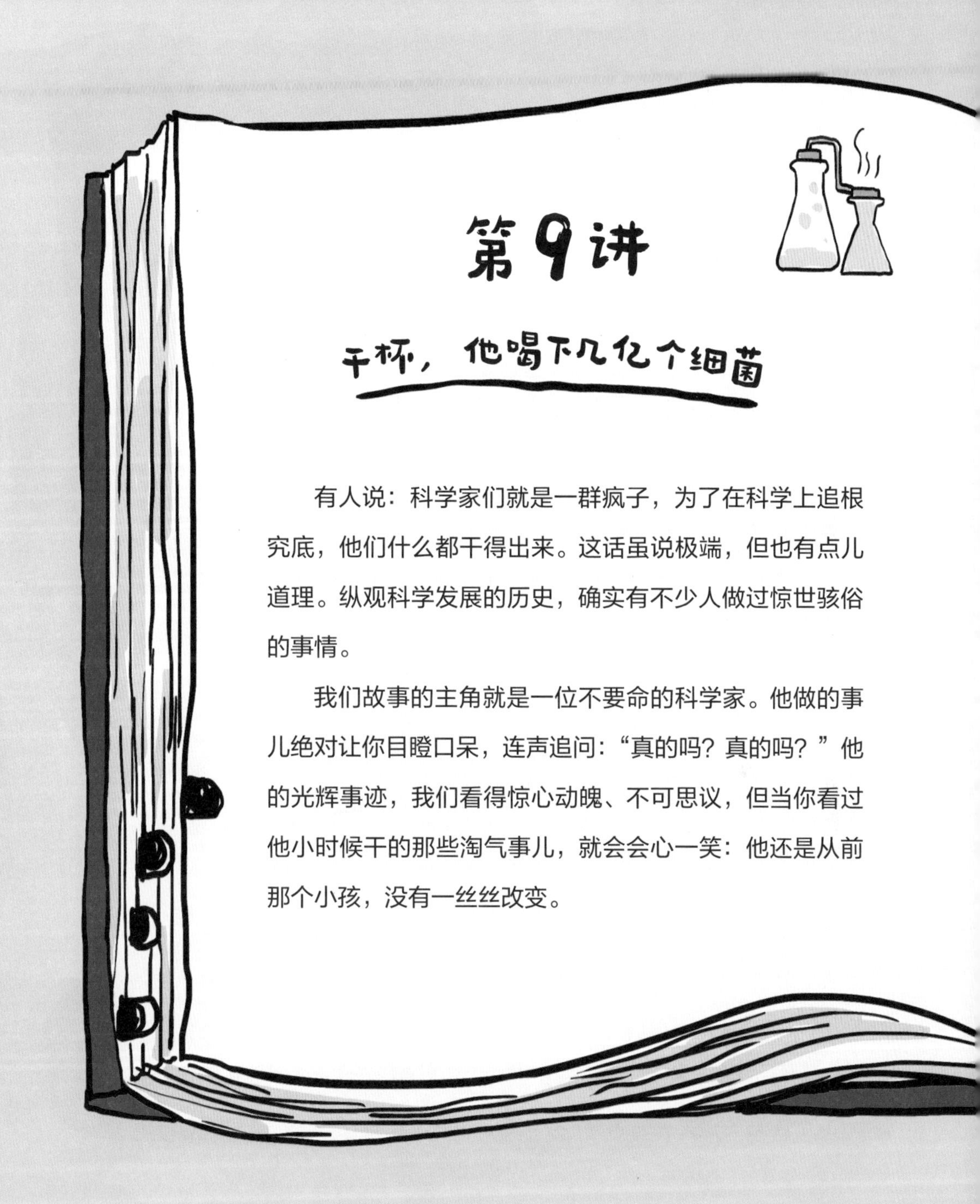

第9讲

干杯，他喝下几亿个细菌

有人说：科学家们就是一群疯子，为了在科学上追根究底，他们什么都干得出来。这话虽说极端，但也有点儿道理。纵观科学发展的历史，确实有不少人做过惊世骇俗的事情。

我们故事的主角就是一位不要命的科学家。他做的事儿绝对让你目瞪口呆，连声追问："真的吗？真的吗？"他的光辉事迹，我们看得惊心动魄、不可思议，但当你看过他小时候干的那些淘气事儿，就会会心一笑：他还是从前那个小孩，没有一丝丝改变。

当实习新人遇到前辈大拿

“你好！我是马歇尔——巴里·马歇尔，呃，来这里实习，见到你很高兴！”

1979 年，澳大利亚珀斯皇家医学院的心内科病房里来了一个新人。他每天跟随资深医生查房，询问病情，记录病人的血压，查看他们的化验单，比较心电图的变化……努力地成为一名优秀的大夫。如果没有遇到那个特别的人，也许年轻的马歇尔会和无数医生一样，在医院的病房里度过他平凡的一生，也许他会成为治疗某种疾病的专家。

然而，命运就是这么神奇。1981 年，按医院的规定，马歇尔轮换进入了消化科。在这里，他见到了改变他一生命运的人——罗宾·沃伦。沃伦生于 1937 年，已经是医院里小有名气的专家了，他的能耐不在于给人看病。

“哦，汤姆先生你消化不良，喝这种药水，一天两次，一次一支。是的，杰瑞小姐你拉肚子，吃这种药片，一天三次，一次两片……”

沃伦了解每种疾病背后的原因、发展规律，以及生病过程中身体器官会有什么变化……哇！这个厉害了！这门学问叫作病理学。尽管沃伦并不直接给人看病，但他“知其病，知其为何病”，能从理论上为临床医生治病救人输送精准的“炮弹”。此时，他盯上了一种细菌，尽管同行们一致认为那家伙“人畜无害”，根本不用在它身上瞎耽误功夫，但沃伦却一门心思地要死磕到底。

早晚我会证明给你们看！

这种细菌长得细长，绕来绕去，呈螺旋形。

1979 年，沃伦在慢性胃炎患者的胃黏膜上观察到了这种细菌，并且发现只要这种细菌存在，邻近的胃黏膜上就会出现炎症。这种细菌会不会和慢性胃炎有关？这个念头在他头脑里扎了根。那个时候，这种细菌还没有名字。

对沃伦的猜测，同行们听了纷纷摇头：“不可能，你开什么玩笑！难道你不知道人的胃里有胃酸吗？”人的胃里有胃酸，有人胃不舒服就会泛酸水，这个酸水就是胃酸，胃酸的酸性非常强，甚至可以与汽车电池中的强酸一较高下。当时的医生都认为，没有什么细菌能在胃酸环境中活下来，所以人的胃里根本不可能有细菌。

“你们还别不信，早晚我会证明给你们看！”正当沃伦孤立无援，加紧思考如何证明自己的猜想时，他迎来了一个小伙伴，那就是刚刚轮换到消化科的马歇尔。这个小伙伴对沃伦的想法很感兴趣，两人一拍即合，开始了合作研究。马歇尔翻阅了大量的文献，发现这种细菌以前就被人看到过了，还好几次呢！但谁都没重视它。“那是无害的共生者”，绝大多数人就是这么认为的。

马歇尔和沃伦找了 100 个做胃镜检查的患者作为研究对象，结果 90% 有胃炎的人的胃黏膜里都检出了这种细菌，而且它还存在于所有的十二指肠溃疡患者、大多数胃溃疡患者和大约一半的胃癌患者的胃黏膜里。这下它是脱不了干系了！那是不是消灭了这种细菌，胃炎就能治好了？他们制订了一个方案，并给病人实施治疗，效果居然出奇地好。这下没话说了吧？人得上胃炎，跟它脱不了干系！

不过要是仅凭这些就给这种细菌“定罪”还证据不足。谁能说你得胃病，不是因为乱吃东西？不是因为压力太大？不是因为和别人不一样，天生就胃酸多？吃刺激性食品、压力大、胃酸过多，才是当时主流认为的导致胃炎、胃溃疡的原因。于是，马歇尔和沃伦乘胜追击，拿动物做实验。但实验结果失败了，这种细菌并没有让动物患上胃炎。

难道他们弄错了？

是这个老师讲得太差！

不存在的！

马歇尔对自己的研究无比坚定。事实上，他从小就是一个自信心爆棚的小孩。上课时，他总一副什么都懂的酷样儿，要是有什么问题听不懂，他就想：这个老师讲得太差了！在妈妈的眼里，他是个“麻烦的小孩”。他用螺丝刀拆开过奶奶的手表，看清里面是如此这般后，把零件再一一装回，发现零件竟然多出来好几个，手表也不走了！他还不知从哪儿买了一堆化学药品，用报纸裹上火药做成一个“超级烟花”。骇人的爆炸声惊得邻居们拽着孩子、扯着被子从家里狼狈逃出，以为出了什么天塌地陷的事儿。马歇尔家里则满屋狼藉，炸碎的纸屑铺天盖地，他自己头发焦了、脸灼伤了，连眉毛都给燎没了。

这个淘得出格的“熊孩子”少年时期依然我行我素。因为喜欢在家鼓捣各种实验，学校里不管物理课，还是化学课、生物课，反正同学们做实验卡壳了，抓耳挠腮之际，准有人提议：“把马歇尔找来！”他来了，

不消几秒钟，就能告诉同学们：“你这儿连错了。”或者：“这个按下去就好了。”俨然是同学眼里的“大神”。大家觉得，他日后管保能成为工程师或者科学家。可他考大学时，却出人意料地选了医学，因为他觉得人体太神奇了，他想知道器官、组织，甚至每一个细胞里的秘密。

所以，当和沃伦的研究因为挑战了主流观点，使得质疑和嘲讽像雨点般袭来时，马歇尔做了一个让所有人都惊掉下巴

阅读延伸

《柳叶刀》是世界上最古老、最权威的医学学术刊物之一，1823年由英国外科医生托马斯·威克利创立。他以外科手术刀“柳叶刀”命名这份刊物，而柳叶刀的英文lancet还有“尖顶穹窗”的意思，借此寓意这份刊物立志成为“照亮医学界的明窗”。《柳叶刀》杂志一直是医学界的导向性刊物，为读者提供高水平的医学研究动态。

的决定：在自己身上做实验！我来当小白鼠！

1984年的一个清晨，马歇尔端起一个玻璃杯，没有半点儿犹豫地把里面的液体一饮而尽。这个杯子里装的是从病人胃里提取的细菌培养液，足有好几亿个细菌！

胃疼、头晕、冒冷汗、恶心、呕吐、口臭、吃不下饭……这些症状很快就在马歇尔身上出现了。家人全都为他担心，催着他赶紧治疗。他却像中了彩票一样兴奋。“看！我说什么来着，就是会这样的，被我说中了！”硬是足足撑了10天，虚弱的马歇尔才去做胃镜。果然，他的胃黏膜上长满了细长的、螺旋形的细菌。他和他的病人一样得上了胃炎！“我成功地被感染了，这证明了我的观点！”脸色蜡黄的马歇尔开心到飞起。然而，严重的胃病已经不允许他庆祝了，他必须尽快接受治疗，否则将危及生命。沃伦配合他，采集了所有数据，然后马歇尔立即接受了治疗。数月后，马歇尔的身体才得以康复。他知道，另一个时代即将降临。

又经过 30 多次人体实验后，他们证明了自己的猜想，医学杂志《柳叶刀》发表了他们撰写的论文。世界为之震动，很快掀起了一股研究热潮，1989 年，这种细菌被正式命名为“幽门螺杆菌”，简称 Hp。

得奖之际，他还保留着一封信

以前，胃溃疡是一种既折磨病人又折腾大夫的病。因为这个病的病因扑朔迷离，什么精神压力大呀，情绪不稳定呀，吸烟呀……打破砂锅问到底的马歇尔，在当医学生时，同时学习 10 种假说，但是哪一种都没说清楚，含含糊糊的，不学不知道，学了更糊涂。胃溃疡的治疗效果也不好，病人吃了好长时间的药，就是治不好，连出远门都不敢。因为胃溃疡严重了会出血，一旦出血没有及时止住，就可能会没命。

得益于马歇尔和沃伦的献身精神与不懈研究，现在我们知道了，幽门螺杆菌是引起胃窦炎、胃溃疡、十二指肠溃疡的罪

历史上的很多名人也患有胃溃疡，比如黄兴、拿破仑。

魁祸首，甚至还可能导致胃癌。胃癌是全球最常见的恶性肿瘤之一，不过你不用紧张！今天只要去医院做一个简单的“吹气实验”，就可以快速地知道自己的胃里有没有幽门螺杆菌了。

幽门螺杆菌是可以通过唾液人传人的，不想中招的话，我们最好严防“菌”从口入：不要和别人共用餐具和水杯；聚餐时，提倡使用公筷、公勺，不要你一勺儿我一筷子地夹菜，这样真的不卫生！不是吓唬你，你可能正举着一勺鸡

吹气实验是一种检测幽门螺杆菌的方法，做这个检查要求空腹，并且两周内没有服用过抗生素类药物。吹气实验简单快捷、灵敏度高。不用害怕，做这项检查一点儿都不痛哟。

丁和许多幽门螺杆菌……

现在，一般成年人如果感染了，可以采取抗生素联合抗胃酸药物治疗，疗程一般在两周。而曾经，根治的办法十分残忍粗暴：把病人溃疡部位的胃彻底切除，再重新和肠子连在一起。马歇尔和沃伦改变了无数人的生活，把近乎“不治”的病，变得可以轻松治愈。他俩因此获得了 2005 年诺贝尔生理学或医学奖。获奖之际，马歇尔拿出了一封信，那是 21 年前他们论文投稿收到的拒绝信，他们甚至被同行嘲笑是江湖郎中、学术骗子，马歇尔不动声色地把这封信藏了起来，就没给老大哥沃伦看，继续默默地执着于自己的研究。

获奖后，总有记者对马歇尔喝细菌这件“壮举”追问个不停。马歇尔真是重口味呀！他竟然说，嗯，那些细菌喝起来特有“肉味儿”……

阅读延伸

胃溃疡是一种常见的慢性消化系统疾病。当胃黏膜发生炎性缺损，破损深度达到黏膜肌层或者更深时，就形成胃溃疡。得了胃溃疡的人会感觉胃胀、泛酸、恶心，还会呕吐。目前，胃溃疡主要通过药物治疗，促进溃疡愈合；特别严重的，就需要手术治疗了。

夹菜用公筷，
细菌不乱串。
亲爹也不能
例外哟。

诺贝尔奖群英谱
2005 年 诺贝尔生理学或医学奖
- 授予 -
罗宾 · 沃伦 / 1937-
澳大利亚病理学家
巴里 · 马歇尔 / 1951-
澳大利亚病理学家
表彰他们发现了幽门螺杆菌及其在胃炎和胃溃疡中所起的作用

第10讲

要问 2020 年什么最引人关注？病毒。小小的病毒流窜全球，把作为高等动物的人类搞得方寸大乱、惶恐不安。

要说 2020 年什么人最受爱戴？与病毒作战的勇士。他们争分夺秒守护生命和健康。

或许正是新型冠状病毒的突袭，让人想起长久以来人类和病毒的缠斗，以及那些不计个人安危和病毒斗智斗勇的人。2020 年的诺贝尔生理学或医学奖授予了 3 位科学家，以表彰他们发现丙型肝炎病毒。

这不是诺贝尔奖委员会第一次褒奖有关肝炎病毒的研究。为什么肝炎“狙击手”能多次获得诺贝尔奖呢？肝炎又是一种什么样的病？

“大将军”生的病

肝是五脏之一，是人体重要的消化器官。我们的肝脏分泌胆汁，胆汁被送进肠道，帮助消化脂肪。同时，肝还有解毒的功能。肝的作用无可替代，中国古人说它是身体里的“大将军”。

肝炎就是肝脏的炎症。“大将军”生病了，可真不得了！主帅一倒，三军无主。患上肝炎的人没胃口、肚子胀，炸油饼、炸丸子的香气飘过来，别人直咽口水，肝炎患者却感到恶心。他们还会动不动就觉得累，眼睛和皮肤都黄黄的。更要命的是，病毒性肝炎还传染！

人类早就注意到这种疾病了，古希腊的希波克拉底就记载了肝炎的症状。后来，人们才逐渐意识到，这种疾病会传染。时间到了 20 世纪 40 年代，随着科学技术的发展，人们已经对肝炎有了更深入的认识。当时，人们知道的肝炎有两种。一种是甲型肝炎，这种肝炎专爱找信奉“不干不净吃了没病”的人，因为它主要经消化道传播，如果食物、餐具被污染，或者吃一些没有煮熟的海鲜，就很可能染病。另一种是乙型肝炎，这种肝炎是“嗜血狂魔”，主要通过血液传播。

护肝保卫战

然而，人为什么会得肝炎呢？入侵之敌是细菌，还是病毒？尽管很多人研究肝炎，但导致肝炎的原因一直没有弄清楚，这个问题困扰了医学界很久很久，直到一个人的出现。

追击乙肝病毒

“同样一种传染病，为什么有些人就更容易得呢？”就在无数医学家试图抓捕肝炎元凶时，在一个医学院博士生的头脑里，这个疑问不停地盘旋。

他叫巴鲁克 · 塞缪尔 · 布隆伯格，1925 年出生在美国纽约布鲁克林区的一个犹太人家庭。他从小就受到了良好的教育，上大学时，布隆伯格攻读的是物理学。在研究生阶段，他就读于哥伦比亚大学，起初学习数学，后来在父亲的建议下，转到了医学院。

布隆伯格的好奇心极强，朋友评价他“几乎对身边的所有事情都充满好奇”。有一个问题一直困扰着他，那就是当社会上流行一种传染病时，比如流感、肝炎，总是有的人不幸中招，有的人却没有，为什么会这样？在布隆伯格的头脑里，一个新的想法出现了：每个人血液里的血清蛋白不同，不同的蛋白质，让人对传染病有不同的抵抗力。于是，血清蛋白成了他的研究目标。为了收集不同的血清样本，布隆伯格不辞辛劳地跑遍了世界各地。

巴鲁克·布隆伯格奖是全球乙肝研究和治疗领域的最高奖，在国际相关学术领域享有盛誉。2020年，中国的李文辉荣获巴鲁克·布隆伯格奖，他发现了乙肝病毒入侵人体的“大门”。

1963年，一种新的血清蛋白引起了布隆伯格和他的搭档哈维·阿尔特的注意。布隆伯格发现，血液中存在这种蛋白的人都患有乙型肝炎。随着研究的深入，布隆伯格进一步确定，这种蛋白就是包裹在乙肝病毒外面的那层“马甲”。那不就可以把它当作乙肝病毒的标志物了吗？在知道这份血清的主人是一名澳大利亚人后，布隆伯格干脆把它命名为“澳大利亚抗原”。后来，澳大利亚抗原又被叫作乙肝表面抗原。

那时的布隆伯格还不是什么专家，连科班出身的病毒研究者都算不上，所以他的发现一开始没有激起什么水花，论文也登不上专业杂志。布隆伯格又带领他的小伙伴们分离出了这种抗原，并乘胜追击研制出了世界上第一支乙肝病毒疫苗。这下不仅堵住了质疑者之口，更令人刮目相看，曾经令全世界医生感到棘手的乙型肝炎，就这样可以预防了！

1976年，布隆伯格被授予了诺贝尔生理学或医学奖。

在我国，新生儿第 1 剂乙肝疫苗在出生后 24 小时内接种，第 2 剂在 1 月龄时接种，第 3 剂在 6 月龄时接种。

又冒出一种新肝炎

虽说还不能治疗，但能预防也很了不起了。发现乙肝表面抗原以后，在输血之前就可以检查一下血液中是否携带乙肝病毒，这下就消除了输血传播乙型肝炎的风险。

谁知，乙肝没了，肝炎还有。还记得哈维 · 阿尔特吗？就是和布隆伯格一起发现乙肝表面抗原的那个人。他发现，尽管输血前已检测过不含乙肝病毒，仍然有不少人因为输血而不幸染上肝炎。而这些病人经过抽血化验，既没发现甲型肝炎病毒，也没有检出乙型肝炎病毒。这会不会暗示，在甲型肝炎和乙型肝炎的背后，一直还藏着第三种肝炎呢？阿尔特证实了，这种未知的感染源具有病毒的特征，阿尔特谨慎地将这种未知肝炎命名为“非甲非乙型肝炎”（现称丙型肝炎）。

随后，在黑猩猩身上的研究表明，第三种肝炎病毒确实存在。不过，受当时研究条件的限制，研究者们一直没能将这种新的肝炎病毒“捉拿归案”，这种情况维持了十多年。尽管如此，阿尔特的工作还是非常有价值的。通过增加对血液的检测，由于输血造成的肝炎感染的比例有所下降。

阅读延伸

病毒性肝炎除了甲、乙、丙型外，还有丁型和戊型。其中甲肝和戊肝通过消化道传播，乙肝和丙肝主要通过血液传播，丁肝则喜欢和乙肝狼狈为奸，它的加入会让乙肝的破坏力更大。

缉“毒”接力赛

既然已经发现了“非甲非乙型肝炎”的存在，那么为什么之后的十余年里，都没有人能“生擒活捉”这种病毒呢？因为在那个年代，还没有高通量测序这个超级“武器”，想要分离病毒、鉴定病毒都特别困难。

1989 年，英国生物化学家迈克尔·霍顿和朱桂霖、郭劲宏一起，共同找到了一段第三种肝炎病毒的基因，并以此为基础，测出了这种病毒的基因序列。他们应用的是一种新兴的分子生物学方法，非常了不起！

这种病毒最终被命名为丙型肝炎病毒。

后来，美国医学家查尔斯·赖斯的研究证明了，丙型肝炎病毒确实能让人身患肝炎。他还和一个德国团队分别研究出了培养这种病毒的方法，这可为研究疫苗和特效药提供了重要条件。

现在，不用担心啦！治疗丙型肝炎的特效药已经问世，丙型肝炎已经从不治之症变成了可以被治愈的疾病。有些人对丙型肝炎还比较陌生，至少从一个侧面证明了，我们国家丙型肝炎控制得相当不错。国家卫健委已经定下“小目标”——在

2030 年消灭丙型肝炎！

阿尔特、霍顿和赖斯也因此共同获得 2020 年诺贝尔生理学或医学奖。各国医学界同行普遍认为，这个奖一点儿争议都没有，就是早晚的问题，这三位获此殊荣，实至名归，因为他们的贡献真是功德无量，挽救了无数人的生命。

我怕他们反悔

由于新冠病毒肺炎疫情肆虐，2020 年的诺贝尔奖颁奖典礼被迫取消。诺贝尔奖委员会把各位新科得主录制的获奖演讲视频放到了网上。在哈维 · 阿尔特的演讲里，他上来就用美式幽默自嘲了一把。

“作为一名临床医生，我原本不太有可能拿到诺贝尔奖。所以我要快点儿讲完，免得诺贝尔奖委员会反悔。”

演讲听起来幽默，了解他的人却能听出一丝隐隐的心酸。作为和布隆伯格共同发现乙肝表面抗原的人，阿尔特本应该在 1976 年就和布隆伯格共同获得诺贝尔奖。当布隆伯格前往福克斯蔡斯癌症研究所任职时，他曾邀请老伙计阿尔特一同前往。可惜当时的阿尔特实在年轻，是个初出茅庐的新人，还没有完成自己的临床医学训练。为了完成这项所有新手医生的“规定动作”，阿尔特婉言谢绝了布隆伯格的邀请。这也就意味着他离队了，不能再和布隆伯格一起继续研究乙肝表面抗原，自然日后布隆伯格获得诺贝尔奖时，就没有阿尔特的份儿了。

丙肝病毒给了这位护肝斗士再次冲击诺贝尔奖的机会，但在追踪丙肝病毒的道路上，阿尔特也历经了“山重水复”。尽管自己很早就发现了丙型肝炎是一种新的疾病，但一直无法确定病因；明确是病毒引起后，又一直苦于没办法把它分离、提纯。仿佛是命运有意无意在跟阿尔特开玩笑，就总是让他距离“柳暗花明”只差那么一步。为了这一步，阿尔特苦苦跋涉了十年之久。心力交瘁时，阿尔特甚至写诗祈祷，希望尽快分离出这种病毒。

可惜幸运之神眷顾的并不是阿尔特，而是霍顿。这位病毒学专家最早揪住了丙肝病毒的小尾巴，并成功测出了病毒的基因序列。消息传来，阿尔特百感交集，预感自己将再次和诺贝尔奖失之交臂。

不过，从发现乙肝到追击丙肝，诺贝尔奖委员会还是没有忘记阿尔特的贡献。经历一世风雨，已经 85 岁高龄的阿尔特依然青山在，心不老。2020 年 10 月 5 日，诺贝尔奖的消息一经公布，几乎一夜之间，阿尔特由一个默默无闻的美国老头变成了万人瞩目的科学名人。他调侃说：“10 月 5 日之后，我的人生全变了，无数人来向我请教问题，仿佛我忽然间拥有了此前几十年都未曾拥有过的大智慧。”

阅读延伸

很多诺贝尔奖得主都很有个性。霍顿在得诺贝尔奖前，已经拿奖拿到手软，但他每次都坚持要和两个好搭档——来自中国台湾的郭劲宏和新加坡的朱桂霖有福同享。这个要求屡屡被无视。2013 年，他因此拒绝接受盖尔德纳奖。

诺贝尔奖群英谱
THE
NOBEL
1976 年 诺贝尔生理学或医学奖
- 授予 -
巴鲁克 · 塞缪尔 · 布隆伯格 / 1925—2011
美国医学家
表彰他对传染病产生和传播新机制的发现
2020 年 诺贝尔生理学或医学奖
- 授予 -
哈维 · 阿尔特 / 1935—
美国医学家
迈克尔 · 霍顿 / 1949—
英国生物化学家
查尔斯 · 赖斯 / 1952—
美国医学家
表彰他们对丙型肝炎病毒的研究

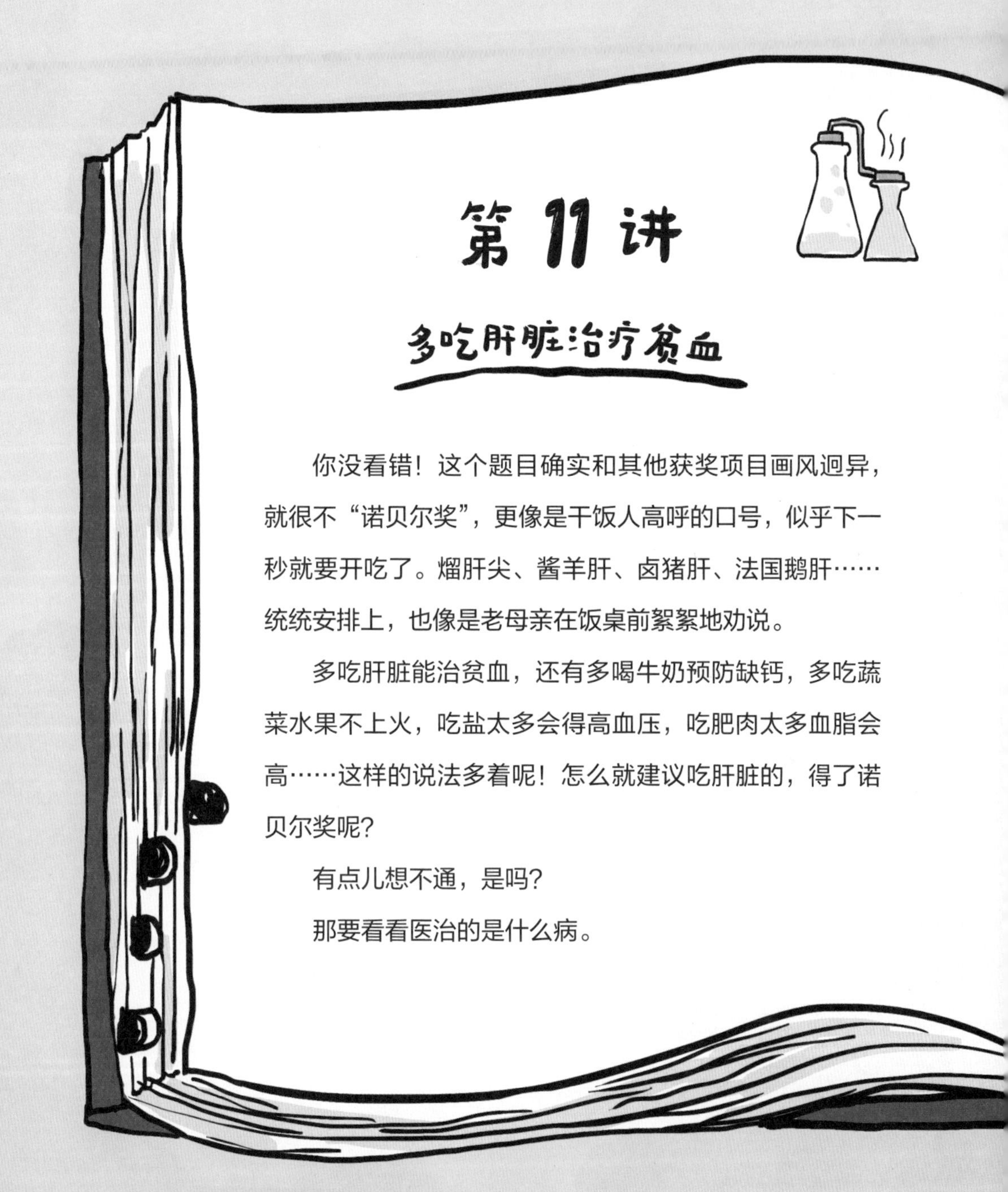

第11讲

多吃肝脏治疗贫血

你没看错！这个题目确实和其他获奖项目画风迥异，就很不“诺贝尔奖”，更像是干饭人高呼的口号，似乎下一秒就要开吃了。熘肝尖、酱羊肝、卤猪肝、法国鹅肝……统统安排上，也像是老母亲在饭桌前絮絮地劝说。

多吃肝脏能治贫血，还有多喝牛奶预防缺钙，多吃蔬菜水果不上火，吃盐太多会得高血压，吃肥肉太多血脂会高……这样的说法多着呢！怎么就建议吃肝脏的，得了诺贝尔奖呢？

有点儿想不通，是吗？

那要看看医治的是什么病。

贫血，能要命的那种

贫血并不是说你身体里的血液比别人的少，而是指血液里的血红蛋白浓度低于正常数值。因为血红蛋白的存在，血液是红色的。它还是血液里的“快递小哥”，只是业务范围很有限，它们主要搬运一种“包裹”，那就是氧。血红蛋白把氧输送给全身各处的器官。氧对人可太重要了！我们从出生时起，一刻不停地呼吸，就是为了把氧吸到身体里来。没有氧的供应，哪怕是氧的供应量不足，身体的各个器官就无法正常运转，人也别想拥有健康和活力。

怎么知道自己是不是贫血呢？脸色苍白，很难让自己集中注意力，坐在饭桌前也没胃口，头晕目眩，四肢无力……都是贫血的症状。当然，有些很轻微的贫血不一定看得出来，那就要去医院做血常规检查。

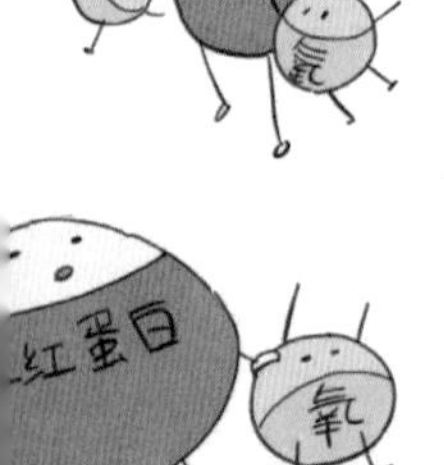

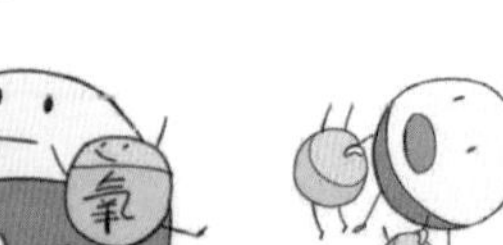

看起来强壮的人也有可能贫血。

看看你周围，每个人都红光满面、气壮如牛，似乎没有谁贫血呀！现在生活这么好，吃得这么好，大家都担心自己的体重超标，贫血这种事是不是早已威胁不到我们了呢？其实不然，正在长身体的孩子和怀着宝宝的准妈妈，因为比一般人需要更多的营养，有可能贫血。

在过去，贫血的发病率比现在高得多。我们熟知的著名作家老舍先生就曾经在抗战期间因为生活窘迫、营养不良而患上贫血，经常头疼、眩晕。他的很多作品就是忍着这些不适完成的。

贫血，最常见的原因就是人的身体制造血红蛋白的能力不够了，身体里运送氧的“快递小哥”严重缺乏。这可不是件简单的事情，过去人们不知道怎么治疗贫血，没有特效药，医生也拿贫血没办法，而一旦患上恶性贫血，患者的死亡率极高。

他们会记得我是一个老师

阅读延伸

贫血也分好几种。儿童容易得的是缺铁性贫血。世界上第一位两次荣获诺贝尔奖的科学家——居里夫人患的是再生障碍性贫血，她和她的大女儿、大女婿，都死于这种疾病。据后人推测，这可能和他们常年接触放射性物质有关。

1878 年 8 月 28 日，在美国新英格兰地区的一个小镇，一个健康的男孩呱呱坠地了。男孩的爷爷和爸爸都是医生，因为医术高、医德好，在小镇及周边很受人尊敬。外国人也讲子承父业，这个男孩很自然地被家人期待将来也成为一名医生。他被取名乔治 · 惠普尔。

天有不测风云，在乔治 · 惠普尔 2 岁的时候，一场突如其来的肺炎让他失去了爸爸，第二年，疼爱他的爷爷也撒手人寰。小小的惠普尔在这个世上就只剩妈妈和奶奶两个亲人了。家里一下子陷入拮据。尽管日子过得紧巴巴，妈妈和奶奶依然尽最大力量培养他，把爷爷和爸爸悬壶济世、救死扶伤的故事一遍一遍地讲给惠普尔听，希望他长大成人后能做一名医生，延续医学世家的担当和荣誉。时光飞逝，惠普尔渐渐长成一个人见人爱、又聪明又懂事的少年。

大学毕业后，妈妈希望惠普尔能进入医学学府深造。成绩优异的惠普尔也具备这样的实力，但他深知家里不富裕，心疼妈妈节衣缩食供自己上学不易。因此从高中时期就利用假期去药店打工补贴家用的惠普尔决定，先去工作挣钱，然后再完成自己的医生梦。

这次惠普尔没有去药店，而是来到一所学校当老师。可能他自己也没想到，仅仅当了一年老师，一个人又教数学又教科学，还客串体育老师，他竟然喜欢上了这个职业。一年后，学费攒够了，惠普尔如愿进入约翰斯·霍普金斯大学医学院。毕业后，他还是没有当医生，而是留校任教，成了一名教师。

惠普尔是真的喜欢做老师，喜欢培养人的工作，喜欢和朝气蓬勃的学生们在一起。他不仅是一名好老师，更是一位为人称道的医学教育家。后来，他还创办了罗切斯特大学医学院，直到 70 多岁还在讲台上给学生上课。在惠普尔晚年撰写的自传里，他对自己诺贝尔奖得主的身份倒是不大在意，最引以为荣的是自己是一名教师，他写道：“我会作为一名老师被人们记住。”

万一数学没学好，就说是体育老师教的。
没毛病。

这位老师养了一群狗

惠普尔少年时期喜欢运动，尤其热衷于户外项目，登山、滑雪、打猎样样在行。这个爱好让他终身精力充沛。在筹备罗切斯特大学医学院期间，他还见缝插针重拾自己的科研项目——如何治疗贫血，不仅因为当时有很多人饱受贫血困扰，而且他自己也一直对这个问题很有兴趣。

当时多数人对贫血的认识是，贫血是由营养不良引起的，惠普尔也这么认为。可到底缺乏了哪种营养呢？是苹果，还是西瓜？是鸡鸭，还是鱼虾？惠普尔打算用科学实验找到它。

于是，一个动物房被建起来了，不过只养一种动物——狗。惠普尔先造成这些狗贫血，然后找来各种食物喂给这些狗，并记录它们贫血情况的变化。看起来，这种方法单刀直入、简单有效，但真要日复一日做起来，却是十分琐碎、一地鸡毛，呃，或许说一地狗毛更准确。比方说，今

天要试的食物狗狗不喜欢吃、不配合怎么办？还有，也不是一吃下去，贫血立刻就能好的，还要仔细观察、细致记录狗狗的饭量、体重、精神状态、活动、睡眠情况，甚至便便的次数和形态都要一一记录。真是说起来容易做起来难！

幸运的是，没过多久惠普尔就锁定了目标：肝。动物的肝脏似乎能改善狗狗的贫血症状。很快，他重复了实验，再次得到同样的结果。他推断，这是因为肝脏中富含铁元素。

惠普尔把实验数据写成论文发表后，很快引起两名医生乔

阅读延伸

铁是人体必需的微量元素之一，主要存在于血液中。铁是形成血红细胞必备的“原材料”。缺铁会导致人没精打采、脸色苍白、食欲缺乏、烦躁不安，正在长身体的孩子特别需要铁元素，想要不缺铁，最重要的是不能挑食。

治·迈诺特和威廉·莫菲的关注。他们也在研究贫血，看到这篇文章后，立刻把惠普尔的发现付诸实践。他们给患有恶性贫血的患者的膳食中增加了肝，发现患者居然奇迹般好起来了！

从此以后，患缺铁性贫血的病人摆脱了疾病的阴影，按医生的建议吃一些肝脏，就能一天天康复。这就是著名的治疗贫血的“肝脏疗法”。

1934 年，惠普尔、迈诺特和莫菲因为发现贫血的肝脏疗法而获得诺贝尔生理学或医学奖。

我不会贫血啦！

生活中经常有老辈人说，多吃大枣补血，这管用吗？

随着对贫血的深入研究，人们揭开了贫血更深层的秘密。

迈诺特的助手威廉·卡斯尔在研究贫血的时候发现，很多贫血患者同时还有萎缩性胃炎。他认为，这些病人的身体里缺乏某些物质，让他们同时患上了这两种疾病。为此，他专门设

阅读延伸

萎缩性胃炎会导致胃部无法分泌内因子，而肠道需要内因子来吸收维生素 B_{12}。

计了一个实验来验证他的想法：把健康胃消化过的牛肉通过鼻导管喂给患者。随后，卡斯尔观察这些患者的情况，发现贫血症状确实得到了有效缓解。尽管这个实验取得了成功，但在不少人看来，这番操作多少有点儿恶心。

现在我们知道，卡斯尔发现的物质就是维生素 B_{12}。如果我们的身体缺乏维生素 B_{12}，就会导致贫血。该怎么做才能让自己不会缺乏维生素 B_{12} 呢？人体是不能自产自销维生素 B_{12} 的，只能从食物中补充，比如动物的肝脏、肉、蛋、奶等，另外发酵的豆类食物也含有维生素 B_{12}。所以不能挑食，每天喝牛奶，适当吃一些鱼和各种肉，对了，动物的肝脏也别忘吃一些，听惠普尔老师的话。

诺贝尔奖群英谱
1934 年 诺贝尔生理学或医学奖
- 授予 -
乔治 · 惠普尔 / 1878-1976 美国医学家
乔治 · 迈诺特 / 1885-1950 美国医生
威廉 · 莫菲 / 1892-1987 美国医生
表彰他们发现了治疗贫血的肝脏疗法